Kommunikation, Führung und Zusammenarbeit
in Unternehmen

Georg Schwinning

Kommunikation, Führung und Zusammenarbeit in Unternehmen

Wahre Situationen und handfeste Lösungen

1. Auflage

Haufe Gruppe
Freiburg · München · Stuttgart

Bibliografische Information der Deutschen Nationalbibliothek
Die Deutsche Nationalbibliothek verzeichnet diese Publikation in der Deutschen Nationalbibliografie; detaillierte bibliografische Daten sind im Internet über http://dnb.dnb.de abrufbar.

Print: ISBN 978-3-648-08051-1 Bestell-Nr. 11011-0001
ePub: ISBN 978-3-648-08052-8 Bestell-Nr. 11011-0100
ePDF: ISBN 978-3-648-08053-5 Bestell-Nr. 11011-0150

Georg Schwinning
Kommunikation, Führung und Zusammenarbeit in Unternehmen
1. Auflage 2016

© 2016 Haufe-Lexware GmbH & Co. KG, Freiburg
www.haufe.de
info@haufe.de
Produktmanagement: Bettina Noé

Lektorat: Hans-Jörg Knabel, rausatz, Willstätt
Satz: Content Labs GmbH, Bad Krozingen
Umschlag: RED GmbH, Krailling

Alle Angaben/Daten nach bestem Wissen, jedoch ohne Gewähr für Vollständigkeit und Richtigkeit. Alle Rechte, auch die des auszugsweisen Nachdrucks, der fotomechanischen Wiedergabe (einschließlich Mikrokopie) sowie der Auswertung durch Datenbanken oder ähnliche Einrichtungen, vorbehalten.

Inhaltsverzeichnis

Kommunikation, Führung, Zusammenarbeit 7

1	**Kommunikation**	15
1.1	Nonverbale Kommunikation	15
1.2	Die Wirkfaktoren der Kommunikation	20
1.3	Wie Schubladendenken unser Handeln bestimmt	27
1.4	Kommunikation per E-Mail: Fluch oder Segen?	36
2	**Führung**	47
2.1	Die ersten 100 Tage als neue Führungskraft	47
2.2	Der passende Führungsstil	54
2.3	Die Gefahren des Mikromanagements	64
2.4	Richtig Delegieren	71
2.5	Motivation: realistisch und wirkungsvoll!	81
2.6	Konstruktives, kritisches Feedback und Mitarbeitergespräche	94
2.7	Kommunikation und Konflikte	107
2.8	Führung in Zeiten von Veränderungen	124
3	**Zusammenarbeit**	143
3.1	Teamarbeit und Teamdynamik	143
3.2	Effektive Besprechungen und Führung	153
3.3	Internationale Zusammenarbeit	161
3.4	Andere Länder, andere Sitten	171

Der Autor 181

Stichwortverzeichnis 183

Kommunikation, Führung, Zusammenarbeit

»Aus der Praxis, für die Praxis«
Mein Name ist Georg Schwinning. Ich bin ein KFZ-Typ. Wenn Sie jetzt allerdings annehmen, dass ich ein Autoliebhaber, PS-Junkie, Freizeitrennfahrer oder Hobbyschrauber bin, liegen Sie falsch. Denn genau genommen verstehe ich von Autos so gut wie nichts. Selbstverständlich habe ich einen Führerschein und bin berufsbedingt viel mit meinem Wagen unterwegs, aber das war es auch schon mit meiner Affinität zu Kraftfahrzeugen. Nein, wenn ich sage, dass ich ein KFZ-Typ bin, dann steht »KFZ« für **K**ommunikation, **F**ührung und **Z**usammenarbeit in Unternehmen. Das ist das, was mich fasziniert und was mich auch schon immer fasziniert hat. Ich arbeite als freiberuflicher Trainer und Coach, hauptsächlich in den drei genannten Bereichen. Vor meiner Selbstständigkeit war ich viele Jahre in der Industrie bei einem international tätigen Großkonzern angestellt. In diesem Unternehmen bin ich nach einiger Zeit klassisch in eine Führungsrolle hineingeschubst worden. Ich habe also die typische und mitunter problematische Situation erlebt, von einem Tag auf den anderen vom Kollegen zum Vorgesetzten zu mutieren.

Ich kann mich noch gut an die Situation erinnern, als damals mein Chef zu mir kam, der – nebenbei bemerkt – Um- und Neustrukturierungen liebte. Er begann das Gespräch mit den Worten: »Ich habe da mal neu organisiert …«

Unheilsschwanger schwebte der Satz in der Luft. *Oh je*, dachte ich. *Jetzt bist du dran. Jetzt betrifft es dich.*

Er zeigte mit dem Finger auf einige meiner Kolleginnen und Kollegen und fuhr fort: »Der, der, die, die und der – das sind jetzt Ihre neuen Teammitglieder. Sie sind ab sofort Teamleiter.«

Schwupps, da war es passiert. Die Kollegen waren alle meine Freunde, mit denen ich abends zum Fußball oder in die Kneipe gegangen bin. Auch mit den betroffenen Kolleginnen hatte ich ein gutes, kameradschaftliches Verhältnis. Und plötzlich sah ich mich in die Lage katapultiert, dass ich ihnen sagen sollte und musste, was sie zu tun, und vor allen Dingen, was sie zu lassen hatten. Das war schon eine ziemliche Umstellung. War es noch in Ordnung und vertretbar, wenn ich auch weiterhin abends mit meinen Kolleginnen und Kollegen, denen ich jetzt vorgesetzt war, ein Bierchen trinken ging?

Wie es in solchen Situationen durchaus häufig passiert, wenn einer aus dem Team plötzlich zum Leiter befördert wird, musste ich mir natürlich gelegentlich auch die eine oder andere Frage anhören wie z. B.: »Müssen wir das jetzt tun, weil du der Chef bist? Bist du dir jetzt zu fein dafür?«

Eine kniffelige Herausforderung, die sicherlich viele nachvollziehen können, die so wie ich plötzlich vom gleichberechtigten Kollegen zum Chef wurden. Glücklicherweise war mein Vorgesetzter ein fürsorglicher Typ, der mich zu guten Führungsseminaren schickte. Dort erfuhr ich viel Wissenswertes, lernte viele Trainerkollegen kennen, mit denen ich zum Teil noch heute sehr gut befreundet bin. Ich war bei den Seminaren – wie auch heute noch – ständig auf der Suche nach Theorien, die sich für meine praktische Arbeit als nützlich erweisen konnten. Wie konnte mir das, was mir in den Seminaren vermittelt wurde, in meiner täglichen Arbeit helfen? Was ich gelernt hatte, versuchte ich im Anschluss direkt im Unternehmen anzuwenden.

Mit der Zeit nahm meine Führungsverantwortung zu. Erst war es nur das kleine, überschaubare Team, das ich zu leiten hatte. Dann folgte eine größere Projektverantwortlichkeit, danach eine deutschlandweite Verantwortung für ein bestimmtes Segment. Irgendwann war ich zuständig für Europa, dann kam Lateinamerika hinzu. Das führte sogar dazu, dass ich eine Zeit lang in Brasilien lebte. Irgendwann öffneten sich der osteuropäische und der asiatische Markt und plötzlich hatte ich weltweite Verantwortung. Demzufolge hatte ich auch weltweite Verantwortung für Menschen. Ich sollte bzw. musste Mitarbeiterinnen und Mitarbeiter führen, die Zigtausende Kilometer von mir entfernt waren, die ich zum Teil noch nie gesehen hatte, ja, deren Namen ich teilweise nicht einmal korrekt aussprechen konnte. Die Seminare, die damals vom Konzern angeboten wurden, hatte ich mittlerweile schon alle besucht. Mein Chef genehmigte mir bereitwillig jede Fortbildung. Vermutlich dachte er, dass das besser sei, als wenn ich eine Gehaltserhöhung fordern würde. Ich hatte aber immer noch das Gefühl, dass irgendetwas fehlte. Es gab immer noch etliche Themengebiete und Fragen, bei denen ich Hilfestellung hätte gebrauchen können. Ich wünschte mir das richtige Rüstzeug, um mit bestimmten Situationen, die sich mir als Führungskraft stellten, richtig umgehen zu können. Denn ich musste feststellen: Aus dem Lehrbuch führen funktioniert in vielen Fällen leider nicht.

Natürlich brachte man mir in der Führungsausbildung bei, regelmäßig Mitarbeitergespräche zu führen. Das versuchte ich. Ich ging zu meinem Chef und teilte ihm mit, dass es an der Zeit wäre, Mitarbeitergespräche mit einem Team in Rio de Janeiro zu führen.

»Am besten, ich fliege da mal hin und lerne die brasilianischen Kolleginnen und Kollegen persönlich kennen«, sagte ich hoffnungsvoll. Es war gerade Februar und Karneval.

Mein Chef antwortete noch nicht einmal. Er schaute mich nur mit diesem wissenden Blick, halb amüsiert, halb tadelnd, an. Da wusste ich, wie seine Antwort war. In seinem Gesicht konnte ich sie deutlich lesen: »Netter Versuch!« Es erwies sich also in der Praxis, dass die Umsetzung dessen, was ich in der Theorie gelernt hatte, nicht immer ganz einfach war. So viel also zum Karneval in Rio.

Ich nahm meinen Job und die damit verbundene Verantwortung hinsichtlich der Führung von Mitarbeitern sehr ernst. Demzufolge informierte ich mich kontinuierlich darüber, was es an neuen Erkenntnissen gab und was mir helfen konnte, um meinen Aufgaben so gut wie möglich gerecht zu werden. Ich studierte verschiedenste Kommunikationstheorien, beschäftigte mich mit diversen Führungstheorien und -techniken, besuchte auch in meiner Freizeit und in meinem Urlaub zahlreiche Seminare. Auf diesem Weg kam ich schließlich an die Universität in Bielefeld, die über das Zentrum der wissenschaftlichen Weiterbildung seinerzeit ein Fernstudium »Coaching und Moderation« anbot. Das Studium interessierte mich auch deshalb ganz besonders, weil es auf der einen Seite wissenschaftlich fundiert und auf der anderen Seite auch handfest und praxisorientiert war. Mein Anspruch war: »Welche Coaching-Elemente helfen mir in meiner Führungsarbeit?« Denn ich bin davon überzeugt, dass Führungskräfte einiges vom Coaching anwenden können, um ihren Job nicht nur richtig, sondern auch richtig gut zu machen.

Von der Führungskraft zum Führungscoach

Ich war einer der ersten Absolventen des Fernstudiengangs in Bielefeld und somit einer der Ersten, der aus dem Management eines Großkonzerns kam und gleichzeitig ausgebildeter und universitär zertifizierter Führungscoach war. Ich musste mir im Unternehmen die Frage gefallen lassen, ob ich denn über das »theoretische Gedöns« hinaus noch Zeit für das hätte, was das Unternehmen brauchte. Aber offensichtlich konnte ich überzeugend vermitteln, dass mein Wissen dem Unternehmen in der Führungsarbeit helfen konnte. Das wiederum führte dazu, dass ich immer öfter eingeladen wurde, um über das Thema »Führung« zu referieren. Ich durfte intern erste Trainingssessions übernehmen. Darüber hinaus wurde ich interessant für andere Unternehmen. Es sprach sich herum, dass ich womöglich das Bild einer modernen Führungskraft wäre, und ich durfte fortan – mit Erlaubnis meines Arbeitgebers – bei anderen Unternehmen über den Themenkomplex »Kommunikation, Führung und Zusammenarbeit« referieren, Seminare begleiten, bei Personalentwicklungsmaßnahmen mitwirken und auch erste eigene Coachings durchführen. Daraus entstand eine Parallelität an Aufgaben, die mich sehr stark ausfüllte. Das wiederum führte dazu, dass ich mich irgendwann entscheiden musste: Machst du von dem einen mehr, machst du von dem anderen weniger? Mehr Konzern, weniger Coaching oder mehr Coaching und weniger Konzern? Ein Spagat, der mich zugegebenermaßen schon ein wenig zerrissen hat. Daher traf ich nach einiger Zeit die Entscheidung, künftig nur noch das zu machen, was mich am meisten faszinierte und was ich bis heute mit großer Leidenschaft und Freude praktiziere: Ich machte mich selbstständig und arbeite seither als freiberuflicher Coach und Trainer für viele Unternehmen – unter anderem auch heute noch für meinen damaligen Arbeitgeber. Ich bin dort einvernehmlich und ohne Zwist geschieden, bin nach wie vor gern gesehener Gast im Konzern und werde auch heute noch regelmäßig gebucht.

Ach ja, eines noch: Als alleinerziehender Vater von Zwillingen – meine Frau verstarb, als unsere Kinder gerade einmal vier Jahre alt waren – werde ich immer wieder gefragt, ob mir meine Kenntnisse und Erfahrungen in den

Bereichen »Kommunikation« und »Führung« in der Erziehung geholfen hätten. Nun, ich denke, einige Elemente der Führungstheorie lassen sich schon in der Erziehung anwenden, denn zwischen der Führung von Mitarbeitern und der Erziehung von Kindern gibt es durchaus einige Parallelen. Wenn es allerdings um die Umsetzung und um Mittel geht, etwas durchzusetzen, zeigt sich in der Regel doch sehr schnell, dass beides unterschiedliche Welten sind. Was mir allerdings tatsächlich sehr geholfen hat, war meine Coaching-Ausbildung. Denn die hat meiner Arbeit ein stabiles Fundament gegeben, mich selber reflektieren und über viele Dinge nachdenken lassen, was mir letztendlich auch bei der Erziehung meiner Kinder zugutegekommen ist. Zumindest habe ich keinerlei Anlass daran zu zweifeln, wenn ich mir die tollen Menschen anschaue, zu denen sich mein Sohn und meine Tochter entwickelt haben.

Kindern erzählt man Geschichten zum Einschlafen –
Erwachsenen, damit sie wach werden.
Jorge Bucay

Wie ist es zu dem Buchprojekt gekommen?
»Können wir diese tollen Geschichten auch in Ihrem Buch nachlesen«, hörte ich einmal von einer Teilnehmerin in einem Seminar zum Thema »Kommunikation und Führung«.

»Es gibt kein Buch? Wirklich nicht? Warum schreiben Sie nicht endlich eines?«, ergänzte ein anderer Teilnehmer.

»Ich würde mir gerne Ihre Geschichten mit den dazugehörigen Lösungen noch einmal ansehen, statt nur in langweiligen Dokumentationen oder Fachbüchern nachzulesen. Mit Ihren wahren Geschichten ist die Theorie viel leichter zu verstehen und dadurch auch im Berufsalltag anwendbar.«

Ich gebe gerne zu, dass ich mich nach diesem Lob im Rahmen einer Feedbackrunde zum Abschluss eines Seminars sehr geehrt fühlte. Meine Idee, in Trainings und Seminaren von meinen vielen Erlebnissen als langjährige Führungskraft zu berichten, damit die Theorie zu erklären und hilfreiche, handwerkliche Lösungen abzuleiten, scheint bei den Teilnehmern anzukommen.

»Durch Ihre erlebten Geschichten sind die Seminare sehr kurzweilig und wir können mit den vorgestellten Lösungen wirklich etwas anfangen«, lautete ein anderes Feedback.

Das Konzept des »Storytellings« ist wahrlich keine Erfindung von mir. Wahre Situationen oder Geschichten zu erzählen, lebhaft darzubieten und die dazugehörigen Lösungsmöglichkeiten aufzuzeigen, kommt der Theorie des »Storytellings« aber sehr nahe. Es dient nämlich demselben Zweck: Theorien und Lösungen so zu vermitteln, dass »Bilder im Kopf entstehen«, dadurch Inhalte verständlicher gemacht werden und in Erinnerung bleiben. Selbst Jahre nach einem Seminar erinnern sich die Teilnehmer:

»Sie sind doch der, der die Geschichte vom Schwimmer erzählt hat.«

Motiviert durch viele Teilnehmerinnen und Teilnehmer in meinen Seminaren und Trainings habe ich mich entschieden, diese »wahren Situationen« aufzuschreiben.

Was ist das Besondere an diesem Buch?
Dieses Buch soll kein weiteres typisches Fachbuch zu den Themen »Kommunikation«, »Führung« und »Zusammenarbeit« sein. Davon gibt es schon sehr viele und auch sehr gute. Es soll vielmehr anhand von erlebten Geschichten typische Situationen abbilden, wie Kommunikation, Führung und Zusammenarbeit in Unternehmen funktioniert oder auch nicht funktioniert. Die Geschichten zeichnen sich dadurch aus, dass sie sich leicht lesen lassen, so oder so ähnlich passiert sind (oder zumindest gut und realitätsnah erfunden wurden) und oft eine humorvolle Pointe besitzen. Das Lesen des Buchs soll kurzweilig sein, die Inhalte aber auch nachhaltig in Erinnerung bleiben.

Alle Namen und Abkürzungen von Namen sind selbstverständlich frei erfunden. Sollte jemand glauben, sich in der einen oder anderen Geschichte wiederzuerkennen, wäre dies ebenfalls rein zufällig.

Was kann das Buch erreichen?
Das Buch soll für die Wirkung von Kommunikation, Führung und Zusammenarbeit sensibilisieren und handfeste Lösungen anbieten. Aufbauend auf den geschilderten Situationen und Geschichten wird die dazugehörige Theorie kurz angeschnitten. Außerdem werden einzelne Handlungsoptionen oder praxiserprobte Lösungen aufgezeigt, die in Erinnerung bleiben und sofort anwendbar sind. Die Geschichten basieren auf eigenen, subjektiven Erfahrungen als langjährige Führungskraft und lassen sich daher sicherlich nur begrenzt verallgemeinern und auf alle Situationen und Fälle anwenden. Bei einem praxisorientierten Buch will ich mich aber nicht nur auf wissenschaftlich fundierte Erkenntnisse beziehen, sondern auch meine jahrzehntelange Erfahrung als Führungskraft in einem internationalen Konzernunternehmen einbringen. Und die steckt eben in den schon erwähnten Geschichten.

Das Buch richtet sich an Mitarbeiterinnen und Mitarbeiter in Unternehmen, mit und ohne Führungsfunktion, auf allen Hierarchieebenen.

1 Kommunikation

1.1 Nonverbale Kommunikation

»Ehekrach in Bielefeld«
Es gibt Städte, über die permanent mehr oder weniger flache Witze gerissen werden. Wer zum Beispiel in Wanne-Eickel – jetzt Herne – lebt, weiß ein Lied davon zu singen. Genau genommen das Lied »Der Mond von Wanne-Eickel«. Auch andere Städte müssen immer wieder für Kalauer herhalten. Eine davon: Bielefeld, »die Stadt, die es nicht gibt«. Der Urheber des Dauerwitzes war der Informatiker Achim Held, der Zeuge wurde, wie einer seiner Freunde auf einer Studentenparty im Jahr 1993 »Das gibt's doch gar nicht« sagte, als ihnen jemand aus Bielefeld gegenüberstand. Achim Held entwickelte daraus aus Spaß eine eigene Verschwörungstheorie, eine Satire auf gängige Verschwörungstheorien. Hierzu gibt es nicht nur eine eigene Website[1], sondern auch einen eigenen Wikipedia-Eintrag[2] und zahlreiche Zeitschriften- und Webartikel, die sich mit dem Phänomen beschäftigen, sowie Filme, Videos, Fernsehreportagen und vieles mehr. All jenen, die die Existenz von Bielefeld in Zweifel ziehen, kann ich versichern: Es gibt Bielefeld, ich war selbst da. Und nein, ich wurde keiner Gehirnwäsche unterzogen!

Ich verbinde mit Bielefeld eine sehr interessante und für mich sehr wertvolle Zeit im Rahmen meines Coaching-Fernstudiums, das mich hin und wieder in die Stadt, die es angeblich gar nicht gibt, geführt hat. Besonders gerne erinnere ich mich an eine Übungssituation, in der es darum ging, ein geeignetes, konstruktives Gesprächsklima, in der Fachsprache auch Rapport genannt, als Basis für eine gelungene Kommunikation herzustellen.

Wir alle kennen das: Wenn wir uns in einer Situation befinden, in der wir das Gefühl haben, dass wir mit unserem Gesprächspartner oder unserer Gesprächspartnerin »auf gleicher Wellenlänge« sind, fühlen wir uns wohl und es fällt uns leicht, interessante und anregende Gespräche zu führen.

---

1 Siehe http://www.bielefeldverschwoerung.de.
2 Siehe https://de.wikipedia.org/wiki/Bielefeldverschwörung.

Vielleicht sind wir sogar dazu geneigt, das eine oder andere von uns preiszugeben, das wir ansonsten lieber für uns behalten. Genau das ist der bereits erwähnte Rapport: eine gleiche Wellenlänge, die sich durch eine gelungene verbale und nonverbale Angleichung auszeichnet und eine angenehme Gesprächsatmosphäre erzeugt. Auf der anderen Seite bedeutet Rapport aber nicht, dass zwischen den Gesprächspartnern Gleichheit im Sinne von übereinstimmenden Meinungen, Zielen, Interessen, Ansichten und Gefühlen bestehen muss. Auch zwischen Gesprächspartnern mit konträren Meinungen, verschiedenen Interessen, unterschiedlichen Temperamenten, Vorlieben etc. kann Rapport bestehen. Er ist die Voraussetzung für konstruktive Kommunikation, die trotz aller Unterschiede für beide Seiten zu befriedigenden Ergebnissen führen kann – und in aller Regel auch tatsächlich führt!

Sicherlich gibt es sowohl im geschäftlichen wie auch im privaten Umfeld immer wieder Situationen, in denen keine gleiche Wellenlänge gefunden werden kann. Die Ursachen hierfür können vielfältig sein. Mangelnde Kompromissbereitschaft, wie sie gelegentlich in Verhandlungssituationen auftritt, kann beispielsweise ein Grund sein. Geht die mangelnde Kompromissbereitschaft gar in eine mangelnde Kommunikationsbereitschaft über und zeigt sich der Gesprächspartner zunehmend aggressiv, hilft in der Regel nur der Gesprächsabbruch. Vielleicht bietet sich ja später eine Gelegenheit, die Verhandlungen unter besseren Bedingungen wieder aufzunehmen – eine Praxis, wie wir sie auf der politischen und geschäftlichen Bühne immer wieder erleben.

Doch nicht nur für Verhandlungen, sondern auch für jedes konstruktive Gespräch ist es wichtig, dass es in einer möglichst angenehmen Atmosphäre stattfindet, in der die Gesprächsteilnehmer keine Angst oder Unsicherheit verspüren.

Gerade beim Coaching ist es elementar, Rapport herzustellen, also ein angenehmes Gesprächsklima zu schaffen. Würde das nicht gelingen, fände die Unterhaltung in einer als bedrohlich empfundenen Atmosphäre statt. Das Ergebnis wäre mit großer Wahrscheinlichkeit, dass die Gesprächspartner nichts von sich erzählen und preisgeben würden. Während meiner Coaching-Ausbildung war dies natürlich ein wichtiges Lehrplanthema. Es wurde ganz besonders viel Wert darauf gelegt, uns Studenten zu vermitteln und beizubringen, wie eine konstruktive Gesprächsatmosphäre hergestellt werden kann. In einer Präsenzphase des Studiums sollten entsprechende praktische Übungen durchgeführt werden. Aus diesem Grunde mussten meine Kommilitoninnen, Kommilitonen und ich uns in Bielefeld einfinden und zu einem Feldversuch treffen.

Unsere Professoren schickten uns an einem Samstagmorgen los. Bielefeld Downtown. Am Wochenende. Im Herbst. Unsere Aufgabe bestand darin, uns unter die Bielefelder Bürgerinnen und Bürger zu mischen und mit uns bis dato wildfremden Menschen eine angenehme Atmosphäre aufzubauen bzw. eine gemeinsame Wellenlänge für eine konstruktive Kommunikation zu kreieren. Um die Aufgabe noch anspruchsvoller und herausfordernder zu machen, durften wir dabei nicht sprechen! Und das in Bielefeld. Downtown. Am Wochenende. Im Herbst. Dazu müssen Sie jetzt wissen, dass an jenem Samstag in Bielefeld ein Wochenmarkt stattfand und die Bielefelder Innenstadt entsprechend voll war. Viele Menschen waren unterwegs, um Einkäufe zu tätigen oder einfach nur ein wenig zu bummeln. Viele Menschen also, die für uns infrage kamen, um mit ihnen in Kontakt zu treten. Ziel war es, die von uns auserkorenen Bielefelderinnen und Bielefelder dazu zu bringen, mit uns zu sprechen, nachdem wir auf nonverbale Weise die atmosphärischen Voraussetzungen, für eine Unterhaltung geschaffen hatten.

Ich würde mich selber nicht als übermäßig schüchtern bezeichnen. Aber vor dieser Aufgabe hatte ich dennoch gehörigen Respekt. Auf mir völlig Unbekannte zuzugehen und sie ohne ein einziges Wort dazu zu bringen, das Wort an mich zu richten und eine Unterhaltung zu beginnen – gehört definitiv nicht zu meinen täglichen Gepflogenheiten. Es kostete mich zugegebenermaßen einiges an Überwindung, die Aufgabe in Angriff zu nehmen. Mit einem mulmigen Gefühl im Magen mischte ich mich unters Bielefelder Volk und hielt Ausschau nach Personen, mit denen ich das Experiment wagen wollte.

Nach einiger Zeit entdeckte ich auf einer der Bänke, die dankenswerterweise hier und da in der Fußgängerzone aufgestellt waren und zu einer kleinen Verschnaufpause einluden, eine ältere Dame und einen älteren Herren, die dort gemeinsam Platz genommen hatten. Rechts neben dem Pärchen war auf der Bank noch ein Platz frei. Dort setzte ich mich hin. Direkt neben mir saß nun die ältere Dame, die mehrere Einkaufstüten vor sich auf dem Boden abgestellt hatte. Links von ihr saß der ältere Herr, der vermutlich ihr Ehemann war. Auch er hatte etliche Einkaufstüten vor sich stehen. Als ich meinen Platz zur Seite der Dame einnahm, konnte ich erkennen, dass mich beide mit einem leicht misstrauischen Gesicht anschauten und genau beobachteten, wer denn da neben ihnen den letzten freien Platz auf der Sitzbank okkupierte. Auf ihren Gesichtern meinte ich die Fragen, die ihnen vermutlich durch den Kopf schossen, deutlich lesen zu können:

»Wer ist das denn? Kennen wir den? Wieso setzt der sich ausgerechnet neben uns?« Aber vielleicht habe ich mir das damals auch nur eingebildet. Teilziel eins der Übung hatte ich jedenfalls erreicht: Ich war in eine Entfernung zu den beiden vorgerückt, die die Grundvoraussetzung für die Herstellung von Rapport und eine mögliche Kommunikationsaufnahme war.

Aber wie konnte ich es jetzt bewerkstelligen, die beiden dazu zu bewegen, mit mir zu sprechen, ohne dass ich meinerseits das Wort an sie richtete? Ich rief mir in Erinnerung, was ich bereits während meines Studiums gelernt hatte und begann, das Verhalten der beiden zu spiegeln. Im Klartext bedeutete das, dass ich versuchte eine ähnliche Körperhaltung wie die beiden einzunehmen. Wenn die Dame ihr rechtes Bein über ihr linkes schlug, tat ich es ihr gleich. Da beide permanent in beide Richtungen blickten, um zu sehen, wer auf der Fußgängerzone an ihnen vorbeilief, ließ auch ich meinen Blick von links nach rechts und von rechts nach links schweifen. Wenn die Dame mich anschaute, erwiderte ich den Augenkontakt und lächelte sie an. Die Kunst bei der Spiegelung besteht darin, das Verhalten zwar zu imitieren, aber nicht auf so auffällige und künstliche Art und Weise, dass es wie ein Nachäffen wirkt. Die Nachahmung der Körperhaltungen und Bewegungen muss völlig natürlich wirken, sodass sie demjenigen, dessen Verhalten gespiegelt wird, gar nicht bewusst auffällt.

Nachdem ich eine ganze Zeit lang diese Technik angewendet hatte, drehte sich die Dame plötzlich zu mir um und sagte: »Sagen Sie mal, junger Mann. Finden Sie das Verhalten meines Mannes nicht auch unmöglich?«

Ich war verblüfft und verstand nicht, was sie meinte. Ich konnte beim besten Willen nichts Verwerfliches am Verhalten ihres Mannes erkennen. Da es Teil meiner Aufgabe war, nicht zu sprechen, warf ich ihr lediglich einen fragenden Blick zu.

»Ja, wissen Sie«, fuhr sie fort, »wir haben, bevor wir heute Morgen losgegangen sind, verabredet, dass er nicht meckert, wenn wir einkaufen gehen. Und jetzt schauen Sie mal, wie er da sitzt und wie störrisch er die ganze Zeit guckt! Was sagen Sie denn dazu?«

Ich war völlig perplex. Bevor ich auch nur über eine Antwort nachdenken konnte, schaltete sich der vermeintlich schlecht gelaunte Ehemann in das Gespräch ein.

»Was Sie dazu wissen müssen, ist, dass wir vorher verabredet hatten, in maximal drei Geschäfte zu gehen. Drei! Jetzt waren wir mittlerweile in mindestens sechs und mir tun die Füße weh«, versuchte er sich zu rechtfertigen. »Ich bin total kaputt! Das sagen Sie mal meiner Frau!«

So ging das noch eine ganze Weile weiter. Sowohl die Dame als auch der Herr klagten mir ihr Leid – ohne dass ich nur ein einziges Wort dazu sagte.

Die kleine Geschichte, die ich in Bielefeld erleben durfte, zeigt, dass es selbst auf nonverbale Weise relativ einfach gelingen kann, den Boden für ein lebhaftes Gespräch zu bereiten. Wenn erst einmal eine entsprechende Atmosphäre, der Rapport, geschaffen ist und sich die Kommunikationsteilnehmer augenscheinlich wohlfühlen, sind Menschen dazu bereit, sich zu öffnen, zu reden und dabei auch Dinge von sich preiszugeben. Das birgt natürlich auch die Gefahr, dass über Themen gesprochen wird, über die man lieber nicht sprechen würde. Trotz alledem bleibt die richtige Atmosphäre die Grundlage für konstruktive Kommunikation.

Ich war jedenfalls froh und glücklich, dass ich die Aufgabe, die uns die Professoren gestellt hatten, mit Erfolg gelöst hatte. Das konnten allerdings nicht alle meine Kommilitoninnen und Kommilitonen von sich behaupten. Ein Studienkollege berichtete mir, dass er Ähnliches in einer Münchener U-Bahn versucht hatte. Seiner Erzählung zufolge saß er in einem Viererabteil der Bahn. Wie wir es gelernt hatten, versuchte er durch Spiegelung und nettes Anlächeln, Kontakt zu dem Mann aufzunehmen, der ihm gegenübersaß. Das ging allerdings gehörig schief. Nach einiger Zeit richtete sich der Mann, ein waschechter Bayer, drohend in seinem Sitz auf und verkündete barsch: »Schaug mi ned so an, sonst gibt's a Watschn!«

Diese unmissverständliche Gewaltandrohung zeigte Wirkung bei meinem Kommilitonen. Er zog es daraufhin nach eigenem Bekunden vor, die Übung der nonverbalen Kontaktaufnahme schleunigst abzubrechen.

Im folgenden Kapitel werde ich Ihnen ein wenig mehr über die sogenannten Wirkfaktoren der Kommunikation erzählen. Auch sie sind entscheidend für die Atmosphäre, in der Gespräche ablaufen. Richtig eingesetzt tragen auch sie zum Rapport bei. Werden sie hingegen auf nicht adäquate bzw. nicht stimmige Art und Weise verwendet ... Aber lesen Sie selbst.

! **»Handfest zusammengefasst«**
Wie kann Rapport auf nonverbale Weise hergestellt werden?
1. Augenkontakt,
2. offene Körperhaltung,
3. lächeln,
4. spiegeln, und zwar durch Angleichen
   - der Bewegungen,
   - der Körperhaltung.

1.2   Die Wirkfaktoren der Kommunikation

»Die Kampfschwimmerkatastrophe«
Menschliche Kommunikation ist eine tolle und nützliche Sache. Sie ermöglicht es uns, anderen Menschen mitzuteilen, was wir zum Beispiel denken, fühlen, wollen, wünschen, planen, bezweifeln oder ablehnen. Dabei ist Kommunikation nicht nur auf das gesprochene oder geschriebene Wort beschränkt. Wir teilen uns nicht nur anderen mit, indem wir ihnen etwas sagen oder eine schriftliche Nachricht zukommen lassen. Menschliche Kommunikation spielt sich auf vielen Ebenen ab. Sie geschieht bewusst, teilweise aber auch unbewusst. Alleine beim Sprechen können wir Infor-

Die Wirkfaktoren der Kommunikation

mationen transportieren, die über den eigentlichen Wortsinn hinausgehen. So kann es einen entscheidenden Unterschied ausmachen, wie wir Sätze betonen, ob wir laut oder leise, schnell oder langsam, mit hoher oder tiefer Stimme sprechen. Viele Botschaften, die Menschen aussenden, werden zudem mittels der Körpersprache, also Mimik, Gestik, Körperhaltung und -bewegung »formuliert«. Sogar Kleidung, wie z. B. Uniformen, die ihre Träger als Respektspersonen erscheinen lassen sollen, oder Accessoires und Styling, wie beispielsweise die Frisur oder das Make-up, haben eine gewisse kommunikative Wirkung. Genau aus diesem Grund werden all diese Aspekte, die Einfluss auf die Kommunikation haben, »Wirkfaktoren« genannt. Mit anderen Worten: Wir haben eine bestimmte Wirkung auf andere Menschen und teilen uns sowohl auf verbalen als auch auf nonverbalen Wegen permanent mit. Oder wie es der berühmte Kommunikationswissenschaftler, Psychotherapeut, Soziologe, Philosoph und Autor Paul Watzlawik in seinem gleichnamigen Buch gesagt hat: Man kann nicht nicht kommunizieren![3]

Das ist, wie schon gesagt habe, eine durchaus tolle und nützliche Sache – vorausgesetzt, man weiß die Wirkfaktoren richtig und der jeweiligen Situation angemessen einzusetzen.

Der folgende Fall, den ich vor ein paar Jahren erlebt habe, zeigt, was dabei alles schieflaufen kann. Und er zeigt vor allen Dingen, dass gerade die ersten Minuten eines Gesprächs für die weitere Kommunikation von entscheidender Bedeutung sind.

Ich erhielt einen Anruf von einem Unternehmen, das regelmäßig Mitarbeiterbefragungen durchführt. Im Rahmen einer dieser Befragungen hatte das Unternehmen zahlreiche Rückmeldungen bekommen, die allesamt das Kommunikationsverhalten einer ihrer Führungskräfte thematisierten. Kurz gesagt: Die Rückmeldungen zeichneten ein absolut katastrophales Bild! Es gab Kommentare wie: »Wenn mein Chef den Raum betritt, bekomme ich Angst«, »Herr M. ist so angsteinflößend, dass mir jedes Mal ganz schlecht wird, wenn ich mit ihm sprechen muss«, bis hin zu: »Die besten Arbeitstage

---
[3] Watzlawik, Man kann nicht nicht kommunizieren, 2. Aufl., 2015.

für mich sind die, an denen mein Chef auf Dienstreise oder im Urlaub ist«. Die Geschäftsführung des Unternehmens war entsprechend alarmiert und bat mich, herauszufinden, weshalb Herr M. eine derart negative Wirkung auf seine Mitarbeiter hatte.

Selber neugierig geworden vereinbarte ich mit Herrn M. einen Gesprächstermin. Sinn und Zweck dieses ersten Gesprächs war es, ihn persönlich kennenzulernen, die Ursachen für seine verheerende Wirkung auf seine Mitarbeiter herauszufinden und daraus ein entsprechendes Coaching für ihn abzuleiten.

Pünktlich zum vereinbarten Termin klopfte es an meiner Tür und ich rief: »Kommen Sie bitte herein!« Die Tür öffnete sich ...

Sagen Ihnen die Namen Vin Diesel und Dwayne »The Rock« Johnson etwas? Falls nicht: Beide sind US-amerikanische Schauspieler und von der Verleihung eines Oscars so weit entfernt wie Peking von der Ernennung zum Luftkurort. Aber beide verfügen über eine beeindruckende Statur, die sie für dialogarme Actionstreifen prädestiniert.

Herr M. stand den Herren Diesel und Johnson in Bezug auf den Körperbau in nichts nach. Mit rund zwei Metern Körpergröße, Schultern, so breit wie die eines ausgewachsenen Grizzlybären, und einem kahl geschorenen Kopf füllte er den Türrahmen mühelos aus. Mit raumgreifenden, stampfenden Schritten durchmaß er den Raum und kam wie der Rächer der Apokalypse auf mich zu. Er streckte mir seine tellergroße Pranke entgegen, schüttelte meine Hand mit einem Griff, der die Wirkung eines Schraubstocks hatte. Ich zuckte zusammen, als er mir ein »GUTEN TAG, HERR SCHWINNING!« entgegenschmetterte, das die Trompeten von Jericho zu harmlosen Blockflöten degradierte. Anschließend baute er sich breitbeinig vor mir auf, die Schultern nach hinten gezogen, die Arme leicht abgespreizt. Sein mächtiger Brustkorb setzte seinen ansonsten tadellos sitzenden Anzug bedenklich unter Spannung.

Noch unter dem Eindruck des eben Erlebten sagte ich leicht verwirrt: »Äh, entschuldigen Sie, Herr M., aber könnten Sie bitte noch einmal hereinkommen?«

Die Wirkfaktoren der Kommunikation 1

Herr M. schaute zwar etwas verwundert, kam meiner Bitte aber sofort nach und das Schauspiel wiederholte sich. Er stampfte auf mich zu, malträtierte meine Hand, donnerte sein »GUTEN TAG, HERR SCHWINNING!« und baute sich anschließend wieder in bester Türstehermanier vor mir auf. In diesem Moment wusste ich: Das wird ein hartes Stück Arbeit.

Nachdem ich ihm einen Platz angeboten und mich und meine Arbeitsgebiete vorgestellt hatte, konfrontierte ich ihn mit den Rückmeldungen seiner Mitarbeiter. Er schien nicht sonderlich überrascht zu sein. Deshalb fragte ich ihn, ob er sich denn erklären könne, weshalb er eine derart negative Wirkung auf seine Untergebenen habe.

»Jaja, das kann ich mir schon denken«, röhrte er. »Ich wirke vielleicht etwas bedrohlich, aber ich habe da eine Strategie!«

Strategie ist gut, dachte ich noch – bis er mir die seine darlegte.

»Ich versuche, für eine entspannte Atmosphäre zu sorgen, indem ich hin und wieder so Witze mit meinen Mitarbeitern mache«, erklärte Herr M.

»Ach, so Witze?«, fragte ich. »Können Sie mir das vielleicht einmal vormachen?«

»Klar, kein Problem«, antwortete er. »Ich gehe von Zeit zu Zeit zu meinen Mitarbeitern, schaue ihnen über die Schulter und sage so was wie: »Na, nichts zu tun, oder was? Hahaha! Nicht schlecht, oder?«

In diesem Moment war ich – und das kommt nicht oft vor – kurzzeitig sprachlos.

Nachdem ich mich wieder gesammelt hatte, gab ich Herrn M. eine kurze Einführung hinsichtlich der Wirkfaktoren der Kommunikation und wies darauf hin, dass gerade die ersten Minuten, in denen die Gesprächspartner oft nur belanglosen Small Talk halten, eine entscheidende Bedeutung für das gesamte Gespräch haben. Denn dieser relativ kurze Zeitraum entscheidet darüber, ob der weitere Verlauf des Gesprächs konstruktiv abläuft oder nicht. Wer es nicht schafft, innerhalb der ersten Minuten bei seinem Gegenüber eine dem Anlass angemessene und konstruktive Gesprächsatmosphäre herzustellen, wird im weiteren Verlauf nicht zu den gewünschten Ergebnissen kommen.

Noch schlimmer: Wer, wie Herr M., durch die Wirkung seines Körpers und seiner Stimme eine Atmosphäre der Angst erzeugt, darf sich nicht wundern, wenn die Gesprächspartner für Argumente nicht mehr offen sind und die Gesprächsinhalte nicht mehr bei ihnen ankommen.

Eine konstruktive Gesprächsatmosphäre zu schaffen, heißt aber nicht, dass die Gesprächsteilnehmer grundsätzlich auf Kuschelkurs gehen müssen und alles nett nach dem Motto »Friede, Freude, Eierkuchen« ablaufen muss. Bei schwierigen Gesprächen sind die Themen oftmals nicht sehr angenehm. Doch gerade hier ist es wichtig, die Gesprächspartner in eine adäquate, tendenziell positive Stimmung zu versetzen. Denn nur so bleiben sie auch für Meinungen, Thesen und Argumenten, die sie bislang nicht geteilt haben, offen und lassen sich im Idealfall überzeugen.

Im Zusammenhang mit den Wirkfaktoren der Kommunikation werden immer wieder gerne Studien genannt, an denen der US-amerikanische Psychologe Albert Mehrabian beteiligt war[4]. Fatalerweise wurden die Studienergebnisse offensichtlich falsch interpretiert und vielfach ungeprüft weiterverbreitet. Auf diese Weise wurde die angebliche 7-38-55-Kommunikationsregel in die Welt gesetzt. Sie besagt, dass bei der Kommunikation der Inhalt lediglich 7 Prozent ausmacht, während 38 Prozent über die Stimme und 55 Prozent über die Körpersprache transportiert werden. Im Umkehrschluss schien das zu bedeuten, dass in Gesprächssituationen Informationen in der Regel zu 93 Prozent auf nonverbalem Weg beim Empfänger ankommen. In zahlreichen Beiträgen und Diskussionen wurde mittlerweile darauf hingewiesen, dass diese Interpretation der Studienergebnisse nicht korrekt ist[5]. Tatsächlich ging es bei den Versuchen darum, herauszufinden, wie stark die

---

[4] Mehrabian/Wiener, Decoding of Inconsistent Communications, in Journal of Personality and Social Psychology 6, 1967/1, S. 109–114; Mehrabian/Ferris, Inference of Attitudes from Nonverbal Communication in Two Channels, in Journal of Consulting and Clinical Psychology 31, 1967/3, S. 248–252.
[5] Mehrabian, Silent Messages, Implicit Communication of Emotions and Attitudes, 2. Aufl., 1981; http://www.kaaj.com/psych/smorder.html.

Empfänger einer Nachricht vom Klang der Stimme einerseits und von der Mimik andererseits beeinflusst werden – insbesondere dann, wenn zwischen dem Gesagten und der Art, wie es gesagt wird, bzw. zwischen dem Gesagten und der Mimik eine Diskrepanz besteht. Wurde beispielsweise ein positives Wort wie »großartig« mit einem negativen Unterton gesprochen, maßen die Probanden bei der Beurteilung dessen, was der Sprecher tatsächlich meint, der Stimme 5,4-mal mehr Bedeutung bei als dem Wort an sich. In der Folgestudie wurde darüber hinaus festgestellt, dass die Mimik sogar 1,5-mal stärker ins Gewicht fällt als die Stimme. Entscheidend bei beiden Studien ist, dass sich die Ergebnisse auf »communications of feelings and attitudes«[6] beziehen, also auf Gesprächssituationen, in denen Gefühle oder Ansichten bzw. innere Haltungen kommuniziert werden.

Doch zurück zu unserem eigentlichen Thema. Wie gelingt es denn nun, diese, für Gespräche so wichtige, konstruktive Atmosphäre herzustellen? Im vorangegangenen Kapitel habe ich bereits einiges zum Thema »nonverbale Kommunikation« gesagt und Ihnen Techniken vorgestellt, die dazu dienen, eine kommunikationsfördernde Atmosphäre herzustellen, ohne dabei ein einziges Wort sagen zu müssen.

Bei der verbalen Kommunikation ist es wichtig, dass Sie sich der Wirkung Ihres Körpers und Ihrer Stimme bewusst sind. Denn dann können Sie beides kontrolliert, zielgerichtet und im Einklang miteinander einsetzen. Wenden Sie sich Ihrem Gesprächspartner zu und schauen Sie ihm in die Augen. Halten Sie den Augenkontakt. Geben Sie ihm das Gefühl, dass Sie sich für das, was er sagt, wirklich interessieren. Dies können Sie zum Beispiel erreichen, indem Sie hin und wieder nachfragen oder ihm Ihre Gedanken zum Thema mitteilen. Wenn Sie auf diese Weise das Fundament für ein konstruktives Gespräch gelegt haben, wird es in der Regel einfacher sein, Ihre Intentionen durchzusetzen. Zumindest aber wird es so wesentlich wahrscheinlicher, Kompromisse zu finden, die für beide Seiten tragfähig sind.

Mit diesem Hintergrundwissen und der Einsicht, dass Herr M. dringend etwas an seinem Kommunikationsstil ändern musste, begann ich mit dem eigent-

---

6   http://www.kaaj.com/psych/smorder.html.

lichen Coaching. Herr M. zeigte sich erfreulich kooperativ und entpuppte sich nicht nur als fachlich kompetenter, sondern auch als menschlich umgänglicher und netter Zeitgenosse, vor dem im Grunde niemand Angst zu haben brauchte. Er reduzierte die Lautstärke beim Sprechen deutlich und arbeitete intensiv an seinem Tonfall, bis das Ergebnis eine sehr angenehme und sonore Stimme war, der man gerne zuhört. Natürlich konnte er nichts an seiner naturgegebenen Körpergröße ändern, die alleine schon bei manchen Menschen ausreicht, um ihnen gehörigen Respekt einzuflößen. Aber er veränderte seine Körperhaltung. Er baute sich nicht mehr breitbeinig vor seinen Gesprächspartnern auf, zog die Schultern nicht mehr nach hinten, um seinen ohnehin schon mächtigen Brustkorb noch mehr zu betonen. Und er legte die Arme an den Körper an. Sein Engagement ging sogar so weit, dass er sich über das Coaching hinaus Trainingspartner suchte, von denen er sich immer wieder Rückmeldungen einholte, wie er gerade wirkte und welche Atmosphäre er damit erzeugte. Was seine Mitarbeiter besonders gefreut haben dürfte: Er verzichtete fortan auf seine sogenannte Strategie, unpassende und völlig verunglückte Witze zu reißen.

Ach ja, eine Frage ist bislang ja noch unbeantwortet geblieben: Warum verhielt sich Herr M. eigentlich so, dass die meisten Menschen, mit denen er zu tun hatte, am liebsten sofort das Weite gesucht hätten?

Herr M. war in jüngeren Jahren ein Leistungsschwimmer. Dieser Tatsache hatte er unter anderem seinen beeindruckenden, muskelbepackten Körper zu verdanken. Hinzu kam, dass ihm seine Trainer geraten hatten, sich bei Wettkämpfen als unschlagbarer Favorit zu gebärden. Deshalb hatte er sich die bereits beschriebene Körperhaltung angewöhnt. Den Anschein der Unschlagbarkeit verstärkte er dadurch, dass er seine Gegner demonstrativ geringschätzig musterte, während sie auf den Startblöcken standen. Die körpersprachliche Botschaft war eindeutig: »Ihr habt keine Chance, ihr kommt nicht an mir vorbei!«

Leider hatte Herr M. dieses Imponiergehabe beibehalten und nicht erkannt, dass es gerade im geschäftlichen Kontext nicht nur inadäquat, sondern auch äußerst kontraproduktiv ist. Beruf und Karriere sind, wie wir alle wissen, nicht immer ein Zuckerschlecken. Das berufliche Umfeld als Arena für immerwährende Kämpfe anzusehen, bei dem alle Kolleginnen und Kollegen grundsätzlich als Gegner betrachtet werden müssen, wird der Realität aber auch nicht gerecht.

> **»Handfest zusammengefasst«**
> Tipps zur Schaffung einer konstruktiven Gesprächsatmosphäre:
> 1. Setzen Sie Ihre Körpersprache und Ihre Stimme kontrolliert, zielgerichtet und im Einklang miteinander ein.
> 2. Achten Sie darauf, dass keine Diskrepanz zwischen dem Gesagten und Ihrer Mimik, Gestik und Stimme besteht.
> 3. Wenden Sie sich Ihrem Gesprächspartner zu, schauen Sie ihm in die Augen und halten Sie den Augenkontakt.
> 4. Vermitteln Sie Ihrem Gesprächspartner das Gefühl, dass Sie sich für das, was er sagt, interessieren und Ihre Konzentration voll und ganz auf das Gespräch gerichtet ist.
> 5. Fragen Sie hin und wieder nach. Teilen Sie Ihrem Gesprächspartner Ihre Gedanken zum Thema mit.
> 6. Lassen Sie Ihren Gesprächspartner ausreden. Ihnen würde es schließlich auch nicht gefallen, wenn Ihnen Ihr Gegenüber permanent ins Wort fällt.
> 7. Bleiben Sie nach außen hin immer ruhig, gelassen und entspannt, auch dann, wenn Sie es innerlich vielleicht nicht sind.

1.3 Wie Schubladendenken unser Handeln bestimmt

»Rote Karte für Blutgrätscher«
Seien Sie ehrlich: Neigen Sie zu Vorurteilen und packen Sie Menschen – zumindest hin und wieder – in irgendwelche Schubladen? Falls das der Fall ist: Wie oft lagen Sie mit Ihrer ersten Einschätzung richtig und wie oft mussten Sie im Nachhinein Ihre anfängliche Meinung über die betreffende Person revidieren? Oder würden Sie von sich behaupten, dass Sie völlig vorurteilsfrei sind und Ihnen Schubladendenken völlig fremd ist? Falls Sie dieser Meinung sind, wird Ihnen das, was ich Ihnen nun sagen werde, vermutlich überhaupt nicht gefallen: Mit an Sicherheit grenzender Wahrscheinlichkeit irren Sie sich!

Menschen stecken andere Menschen oft in Schubladen. Manchmal ist es ihnen gar nicht bewusst. Das Fatale an Vorurteilen und Schubladendenken ist, dass wir in der Regel einmal kategorisierte Menschen nur ungern wieder aus den Schubladen herausholen. Doch bevor wir nun Schubladendenken als absolut verachtenswert anprangern und aufs Schärfste ablehnen, sei angemerkt, dass es auch durchaus positive Funktionen hat. Aber dazu später mehr.

Im Jahr 2006 wurde in den USA von Professor Alexander Todorov und J. Willis[7] ein Experiment durchgeführt. Verschiedenen Probanden wurden Portraitfotos von anderen Menschen gezeigt. Die Aufgabe der Probanden bestand darin, innerhalb kürzester Zeit (in Sekundenbruchteilen und dementsprechend ohne lange überlegen zu können) zu entscheiden, ob ihnen die gezeigten Menschen sympathisch oder unsympathisch sind. Nach diesem Durchlauf wurde der Versuch wiederholt. Denselben Probanden wurden dieselben Fotos gezeigt. Nun hatten sie aber genügend Zeit und konnten in Ruhe nachdenken, bevor sie ihre Entscheidungen treffen mussten. Wieder ging es nur darum, ob die Testteilnehmer die abgebildeten Personen als sympathisch oder unsympathisch empfanden. Die Ergebnisse der beiden Testphasen wurden anschließend miteinander verglichen. Was denken Sie, wie das Testergebnis aussah? Denken Sie, dass beim Vergleich der beiden Durchläufe signifikante Unterschiede festzustellen waren? Oder glauben Sie eher, dass die Ergebnisse nahezu identisch ausfielen? Wenn Sie auf Letzteres tippen – liegen Sie absolut richtig! Die Ergebnisse beider Testphasen waren tatsächlich annähernd gleich.

Was sind die Gründe dafür? Wir alle kennen das Sprichwort »Der erste Eindruck trügt nie«. Unser Gehirn speichert Informationen ab, die wir im Rahmen unserer Sozialisation, in unserer Erziehung und durch unser soziales Umfeld gelernt haben. Dementsprechend empfinden wir Westeuropäer auch anders, als zum Beispiel die Ureinwohner Australiens. Die Aborigines im australischen Outback haben wahrscheinlich ein anderes Bild von Sympathie oder andere Erwartungen an das Erscheinungsbild und das Verhalten

---

7   Willis/Todorov, First Impressions: Making Up Your Mind After a 100-Ms Exposure to a Face, in Psychological Science 17, 2006/7, S. 592–598.

von Menschen, um sie als sympathisch zu empfinden. Tiefe dunkle Augenhöhlen, stark ausgeprägte Augenbrauen, markante Wangenknochen und aufgequollene, wulstige Ober- und Unterlippen werden ihnen »normal« erscheinen. Auf viele Westeuropäer wirkt dieses Aussehen eher bedrohlich. Wen wir als sympathisch empfinden, ist durch die Erfahrungen geprägt, die wir in unserem sozialen Umfeld gesammelt haben. Deshalb ordnen wir andere Menschen bewusst oder – im überwiegenden Fall – unbewusst in bestimmte Schubladen ein. Des Weiteren neigen wir zu Projektionen. Hierzu ein Beispiel:

> **Beispiel: Projektion**   !
> Ich schaue mir die Brille meines Gegenübers an. Diese Brille erinnert mich an die Brille meines Lateinlehrers, der nach meinem Empfinden extrem unfair zu mir war und mir meiner Meinung nach immer viel zu schlechte Noten gegeben hat. Schon hat mein Gegenüber, der arme, ahnungslose Brillenträger, der nun wirklich nichts für meine Lateinnoten kann, ein Problem, und das, obwohl das eine mit dem anderen de facto gar nichts zu tun hat. Aber die Erinnerung an das unfaire Verhalten meines Lateinlehrers, der eine ähnliche Brille getragen hat, kann dazu führen, dass ich diesen immer noch schwelenden Unmut auf den Träger der Brille übertrage.

Auch das folgende Phänomen dürfte hinlänglich bekannt sein: die Einordnung von Menschen anhand ihres Vornamens. Manche Vornamen sind wunderbar dazu geeignet, Menschen in eine Schublade zu stecken. Der Justin, die Jacqueline (Schackeline!), die Chantal, um nur einige zu nennen. Wer derzeit so heißt, hat es erwiesenermaßen nicht leicht. Wir bringen die Vornamen mit bestimmten negativen Eigenschaften oder Charakterzügen in Verbindung und schon projizieren bzw. übertragen wir diese Attribute auf alle anderen Menschen, die das Pech haben, diese Namen zu tragen. Dabei können die Justins und Chantals ja nun wirklich nichts für die Namenswahl ihrer Eltern.

Weitere Gründe für Vorurteile oder das Kategorisieren von Menschen können Gerüchte sein. Angebliche Dinge, Charakterzüge oder Verhaltensmerkmale, die uns andere über jemanden erzählen. Ohne dass wir uns im Vorfeld selber davon überzeugen können, beurteilen wir Menschen. Einfach so, ohne weiter darüber nachzudenken. Denn wir haben da mal was von anderen gehört. Muss ja was dran sein, oder?

Von dem berühmten, im Jahr 2004 verstorbenen, britischen Schauspieler, Schriftsteller und Regisseur Sir Peter Ustinov stammt das folgende Zitat:

> Vorurteile sind ein undefinierbares Unkraut, das auf den grünsten Rasenflächen am heimtückischsten wuchert.
>
> Sir Peter Ustinov

Die folgende Geschichte, die ich selbst erlebt habe, zeigt, wie recht Sir Peter Ustinov hatte – im übertragenen wie im wörtlichen Sinne, denn einer der Hauptschauplätze der nun folgenden Anekdote war die grüne Rasenfläche eines Fußballplatzes. Sie zeigt, wie schnell es passieren kann, dass man Menschen ganz tief in eine Schublade steckt. Und sie führt uns vor Augen, wie schwierig es mitunter ist, sie dort wieder herauszuholen.

Damals, es ist schon etliche Jahre her, spielte ich noch aktiv Fußball in einer der örtlichen Fußballmannschaften. Zu dieser Zeit kam es regelmäßig zu einem Lokalderby zwischen meinem und einem benachbarten Fußballverein. Okay, zugegeben: Das Derby hatte nicht unbedingt denselben Charakter wie ein Spiel zwischen den beiden Erzrivalen Dortmund und Schalke, aber auf der lokalen Ebene sorgten die Duelle unserer Mannschaften schon für ordentlich Zündstoff. Klar, dass wir unbedingt jedes dieser Matches gewinnen wollten. Bei Auswärtsspielen war unser Motto: »Wenn wir wider Erwarten doch nicht gewinnen, pflügen wir wenigstens den Rasen um.« Immerhin gab es dort einen Rasen, was in den Niederungen der deutschen Ligen durchaus nicht der Regelfall war. Normalerweise verfügten die kleinen Vereine lediglich über Ascheplätze, auf denen trainiert und gespielt wurde. Da überlegt man sich als Spieler dann schon dreimal, ob man beherzt dazwischengrätscht oder im Interesse einer heilen Haut doch lieber darauf verzichtet.

Einige Zeit vor dem nächsten anstehenden Lokalderby nahm der Trainer meiner Mannschaft mich in der Umkleidekabine beiseite und sagte: »Hast du schon gehört? Die gegnerische Mannschaft hat einen neuen Spieler. Das ist der unfairste Typ überhaupt! Du kannst dir nicht vorstellen, welche

1 Wie Schubladendenken unser Handeln bestimmt

miesen Tricks der draufhat. Der ist so was von nickelig, der greift zu Mitteln, die kennst du noch gar nicht. Übelste Sorte, allerunterste Schublade. Pass bloß auf, wenn du gegen den spielst. Das ist dein direkter Gegenspieler. Du musst gegen den antreten. Bereite dich also entsprechend vor. Vergiss alles, was du bisher über Fairness im Sport gehört hast!«

Zunächst einmal musste ich schlucken. Aber dann war mir sofort klar: Dem Sportsfreund würde ich schon zeigen, wer der Fußballplatzhirsch ist! Das defensive Mittelfeld war mein Revier. Das würde ich mir nicht streitig machen lassen. Immerhin war auch ich kein Kind von Traurigkeit. Den Bolzer wollte ich auf jeden Fall in seine Schranken weisen. In den Tagen vor dem Spiel sprach mein Trainer noch mehrere Male mit mir und erzählte mir immer wieder beunruhigende Storys von meinem Gegenspieler, von seinem körperbetonten Spiel, seinen gnadenlosen Attacken und den unfairen Mitteln, zu denen er immer wieder griff. Derart vorgewarnt und heißgemacht ging ich mit einer entsprechenden Erwartungshaltung und Voreinstellung in das Match.

Der Tag des Lokalderbys kam. Ich war vollgepumpt mit Adrenalin. Bereits beim Warmmachen musterten mein Gegenspieler und ich uns gegenseitig. War da nicht so etwas wie Verachtung in seinem Blick? Hatte ich da nicht den Anflug eines geringschätzigen Grinsens in seinem Gesicht gesehen? *Warte nur ab, Bürschchen. Die Antwort bekommst du auf dem Platz*, dachte ich mir.

Wer selber Fußball spielt oder sich regelmäßig Fußballspiele anschaut, weiß: Die ersten Minuten eines Spiels sind oftmals geprägt von gegenseitigem, vorsichtigem Abtasten. Nicht so bei uns. Das zeigte schon unser erstes Aufeinandertreffen. Genau genommen war es kein Aufeinandertreffen, sondern vielmehr ein brachiales Aufeinanderknallen. Der Schiedsrichter rief uns beide zu sich und ermahnte uns eindringlich, von derartigen Aktionen zukünftig abzusehen. Vergebens, wie sich kurze Zeit später herausstellte. Ich weiß nicht, was der gegnerische Trainer meinem Gegenspieler über mich erzählt hatte, aber nach noch nicht einmal zehn Minuten sahen wir beide die Rote Karte und wurden vom Platz gestellt.

Mein Kontrahent wohnte, wie sich später herausstellte, im selben Stadtteil wie ich. Wenn er mir zufällig auf der Straße entgegenkam, wechselte ich vorsorglich die Straßenseite. Mit dem hätte ich im Leben nicht freiwillig gesprochen. Hatten wir ja auf dem Fußballplatz auch nicht. Angeschrien hatten wir uns dort und übelste Beschimpfungen ausgetauscht. Daher vermied ich auch eine Konfrontation auf offener Straße, die vermutlich eskaliert wäre. Wenn man mich gefragt hätte, was ich von diesem Menschen halte, hätte ich genau das wiederholt, was mir mein Trainer über ihn gesagt hatte: ganz übler, unsympathischer Typ, rüder und überharter Spieler, unfairer Sportsmann.

Eines Tages wurde ich zu einem runden Geburtstag meiner Assistentin eingeladen. Darauf war ich sehr stolz. Meine Assistentin lud mich als ihr junger Vorgesetzter zu ihrem Geburtstag ein! Ich wertete das als Beweis dafür, dass ich als Chef genau die richtige Balance zwischen kompetenter Führung und menschlichem Miteinander getroffen hatte. Ich hoffte, dass sie ihrerseits auch ein wenig stolz war, mich als ihren Chef präsentieren zu können, weil ich meine Sache ja auch richtig gut machen wollte. Wie das auf Partys so ist, wurde ich verschiedenen Leuten vorgestellt.

»Darf ich vorstellen? Das ist mein Chef«, stellte mich meine Assistentin einer mir bis dahin unbekannten Frau vor.

»Das ist meine Schwester A. Und das ist D., ihr Lebensgefährte.«

Da stand er vor mir, mein verhasster Gegenspieler.

»Guten Tag.«

»Guten Tag.«

Wir schauten uns gegenseitig an, und es war offensichtlich, dass wir beide nicht so recht wussten, wie wir mit der Situation umgehen sollten. Ich weiß nicht mehr genau, wie viele Flaschen Bier es gebraucht hat, bis wir die anfänglich angespannte und reservierte Haltung abgelegt haben und das erste Mal überhaupt vernünftig miteinander reden konnten. Aber es dürften einige gewesen sein.

Es stellte sich zu meiner Verwunderung heraus, dass D. eigentlich ein ganz sympathischer Zeitgenosse war. Er wohnt bis heute im selben Stadtteil wie ich. Mittlerweile spielen wir in derselben Altherrenmannschaft und amüsieren uns köstlich über die damalige Situation, über diese Schublade, in die ich ihn tief gesteckt hatte. Er mich übrigens auch. Denn auch sein Trainer hatte ihm im Vorfeld des Lokalderbys echte Horrorgeschichten von mir und meiner unfairen Spielweise erzählt. Alles nur, um ihn entsprechend heiß auf das Match zu machen.

Die Geschichte zeigt, wie sehr wir dazu neigen oder verleitet werden, Menschen zu kategorisieren und – oftmals ungeprüft – mit einem Stempel zu versehen. Aber: Schubladendenken hat auch eine positive Funktion! Schubladen können Orientierung und Halt geben. In manchen Situationen müssen wir einfach schnell entscheiden, wie wir uns zu verhalten haben. Wir können nicht immer erst lange analysieren, nachfragen oder nachschlagen und Erkundigungen über jemanden einholen, um unser Verhalten dementsprechend anzupassen. Entscheidend beim Schubladendenken ist, dass wir eine genügend große Anzahl an verschiedenen Schubladen haben, und nicht nur zwei – gut oder böse, weiß oder schwarz.

Unser Kommunikationsverhalten ist durch die Einstellung, die wir gegenüber anderen Menschen haben, bestimmt. Wir sind zwar oftmals exzellente Schauspieler und können auch vieles kaschieren, aber spätestens, wenn wir unter Stress sind, zeigen wir unser wahres Ich oder die wirkliche Meinung, die wir von unserem Gegenüber haben. Diese Meinung zeigen wir durch Mimik, Gestik, durch Lautstärke.

Was bedeutet das nun für die Zusammenarbeit im beruflichen Umfeld, für mein Verhalten als Führungskraft und für meine Kommunikation? Wie bereits gesagt, zeigt sich unsere Grundeinstellung einer Person gegenüber spätestens unter Stress durch unsere Körpersprache. Mitarbeiter merken das am Verhalten – mal bewusster, mal unbewusster – und melden das mit ihrer Reaktion zurück. Sie haben unter Umständen den Eindruck, dass das gezeigte Verhalten ihnen gegenüber nicht authentisch ist und verhalten sich ihrerseits entsprechend. Es kommt zu Störungen in der Kommunikation. Um diese Störung näher zu beleuchten, wird im Folgenden der klassische Ablauf einer »gestörten« Kommunikation dargestellt:

Person A möchte oder muss mit Person B reden. Aufgrund seiner Vorurteile hat A eine negative Voreinstellung zu B. Deshalb verläuft die Kommunikation nicht geradlinig, sauber und authentisch ab, sie kommt nicht natürlich rüber.

Aufgrund seines Schubladendenkens sendet A etwas verklausuliert. Das kommt bei B an. B gewinnt den Eindruck: »Der oder die redet irgendwie seltsam.« Aufgrund dieses Eindrucks verhält sich B bei seiner Antwort seinerseits etwas zurückhaltend und vorsichtig und antwortet vielleicht auch etwas verschnörkelt.

Was kommt dann wiederum bei A an?

»Oh! Was ist denn das? Der oder die spricht aber seltsam. Wie gut, dass ich von vornherein vorsichtig war!« Derart bestätigt bleibt A bei seiner Art der Kommunikation. So entsteht ein Teufelskreis, der eine fortdauernd gestörte Kommunikation zur Folge hat.

Um derartige Störungen vermeiden zu können, ist es gegenüber Mitarbeitern enorm wichtig, in der Führungsrolle selbstreflektiert zu sein. Als Führungskraft sollten Sie immer wieder prüfen, ob Sie dem anderen gegenüber neutral und fair sind oder ob Sie ihn in eine Schublade gesteckt haben. Falls ja, können Sie sicher sein, dass es irgendwelche Gründe aus vergangenen Erfahrungen, Übertragungen, Projektionen oder Erinnerungen gibt, die dazu führen, dass Sie nicht offen und fair mit diesem Mitarbeiter kommunizieren und die Konversation entsprechend vorbelastet führen. Denken Sie immer daran: In der Führungsrolle ist Neutralität gegenüber Ihren Mitarbeitern extrem wichtig und für eine konstruktive Kommunikation und Zusammenarbeit unabdingbar! Schubladendenken und Vorurteile sind in der Regel irrational, d. h., es gibt zunächst keine rational nachvollziehbaren Gründe für die negative Haltung, die Sie einer bestimmten Person gegenüber an den Tag legen. Oder, um es mit einem deutschen Sprichwort zu sagen:

Nicht alle sind Diebe, die der Hund anbellt.

Übrigens: Vorurteile und Schubladendenken müssen nicht notwendigerweise immer negative Ursachen haben. Auch das Gegenteil kann der Fall sein. Das gute Aussehen eines Menschen führt oftmals dazu, dass er bevorzugt wird und schneller Karriere macht als seine Kolleginnen und Kollegen, die zwar über dieselben beruflichen Qualifikationen, Kenntnisse und Erfahrungen verfügen, bei denen die Natur aber nicht so wohlwollend war. Dieses Phänomen ist allgemein als sogenannter »Halo-Effekt«, als Überstrahlungseffekt, bekannt. Daher verwundert es nicht, dass nach einer Studie des Wiener Soziologen Otto Penz[8] fast die Hälfte der deutschen Topmanager größer als 1,90 Meter ist – eines der entscheidenden Attraktivitätsmerkmale bei Männern. Zum Vergleich: Die Durchschnittsgröße deutscher Männer liegt bei 1,77 Metern. Darüber hinaus sind die Wirtschaftsbosse und Topmanager eher selten übergewichtig, sondern haben in der Regel eine schlanke, sportliche, wenn nicht gar asketische Figur, die den Eindruck von Disziplin und Kontrolle vermittelt.

»Handfest zusammengefasst«

Wer einmal in eine Schublade gesteckt wurde, kommt aus ihr so schnell nicht wieder raus. Wenn es mir aber gelingt, mein »Schubladendenken« hinsichtlich einer Person zu revidieren, sehe ich die betroffene Person möglicherweise in einem ganz anderen Licht. Ich kann neue, angenehme, interessante Seiten meines Gegenübers entdecken und kennenlernen. Es können sich dabei zum Beispiel ganz neue Möglichkeiten der Zusammenarbeit auftun.

Doch wie kann ich eine Schublade wieder öffnen? Die wichtigste Grundvoraussetzung ist, gegenüber anderen offenzubleiben und ihr oder ihm eine Chance zu geben. Stellen Sie sich selbst die Frage, ob Sie Ihrem Gesprächspartner gegenüber offen, fair und »neutral« sind.

Wenn Sie echtes Interesse daran zeigen, den anderen etwas besser kennenzulernen, öffnen Sie die Schublade schon ein gewaltiges Stück.

Auch im geschäftlichen Umfeld gibt es immer wieder Gelegenheiten, sich gegenseitig besser kennenzulernen und auszutauschen. Gespräche beim gemeinsamen Mittagessen, auf gemeinsamen Dienstreisen, auf Veranstaltungen im Unternehmen wie Betriebsfeiern etc. Dabei kann es hilfreich sein, auch etwas von sich selbst preiszugeben und nicht nur Fragen an die andere Person zu richten. Andernfalls könnte der Eindruck entstehen, man wolle den anderen ausfragen. Wenn Sie interessierte Fragen stellen und auch bereit sind, Fragen zu beantworten, kann sich in der Regel ein sehr angenehmes und

---

8 Penz, Schönheit als Praxis, 2010.

interessantes Gespräch entwickeln. Ein möglicher Effekt: Sie erkennen, dass die Schublade, in die Sie jemanden gesteckt haben, gar nicht seinem Wesen und seiner Persönlichkeit entspricht. Und sollte sich herausstellen, dass Sie ihn doch in die richtige Schublade gesteckt haben, dann ist das eben so. Aber Sie haben dem anderen wenigstens die Chance gegeben, sich selbst darzustellen.

Die drei Hauptursachen für Vorurteile und Schubladendenken sind:
1. Sozialisation:
Werte und Dinge, die ich in jungen Jahren gelernt habe und die mir in der Kindheit und Jugend vermittelt wurden.
2. Projektion:
Erfahrungen, die ich in der Vergangenheit gemacht habe und die ich auf andere Personen übertrage.
3. Manipulation:
Beeinflussung durch Kommunikation mit anderen oder durch Gerüchte, die mir eine bestimmte Grundhaltung einimpfen.

1.4 Kommunikation per E-Mail: Fluch oder Segen?

»Wenn Manager heimlich unter der Decke lesen«
Belasten E-Mails mehr, als sie helfen? Können wir in Zukunft ohne E-Mails leben? Hat die E-Mail-Flut irgendwann ein Ende? Lässt sie sich zumindest etwas eindämmen? Mitarbeiterinnen und Mitarbeiter, Führungskräfte, Geschäftsführung, Vorstände: Alle leiden mal mehr, mal weniger unter der E-Mail-Flut. Wie ist das noch zu schaffen?

Die Masse an E-Mails überfordert schon heute viele Menschen. Weltweit sollen es im Jahr 2016 schon circa 215 Milliarden E-Mails sein, die pro *Tag* versandt und empfangen werden. Zu diesem Ergebnis kommt das Marktforschungsinstitut Radicati Groups aus Palo Alto in den USA in einer Studie aus dem Jahr 2015. In den nächsten drei Jahren wird mit einer jährlichen Zunahme der weltweiten E-Mail-Flut von circa 5 Prozent gerechnet[9].

---

9   The Radicati Group Inc., E-Mail Statistics Report, 2015–2019, March 2015.

Kommunikation per E-Mail: Fluch oder Segen? 1

Schon heute beschäftigen sich die Mitarbeiterinnen und Mitarbeiter von Unternehmen durchschnittlich 20 Stunden pro Woche damit, E-Mails zu bearbeiten. (Wie hilfreich und wie effektiv wäre es doch, wenn nur die Hälfte dieser Zeit für gute Führung genutzt werden würde!)

Führungskräfte berichten immer wieder, dass sie circa 100 bis 150 E-Mails und mehr pro Tag erhalten. Oft ist dabei nur ein Viertel bis ein Fünftel für sie wirklich relevant.

In einem Seminar mit »gestandenen« Managern, das ich vor nicht allzu langer Zeit geleitet habe, wurde gleich zu Beginn vereinbart, dass Smartphones und Blackberrys zum Checken von E-Mails nur in den Pausen erlaubt sind. Murrend stimmten die Teilnehmer zu. Die Meisten hielten sich auch tapfer an die Regel. Einige versuchten, sie heimlich zu umgehen, indem sie ihr Telefon in den Seminarunterlagen versteckten und immer wieder mal zu spicken versuchten, welche neuen Nachrichten es wohl gab. Diese Tricks kenne ich mittlerweile und habe die »Trickser« schnell auf frischer Tat ertappt. Ein Stirnrunzeln reicht meistens aus, um sie an die Regel zu erinnern.

In der ersten Pause griffen alle Teilnehmer sofort wie automatisiert in die Innentaschen ihrer Sakkos (oder in ihre Seminarunterlagen), um das Telefon herauszufischen. Amüsiert wies ich noch darauf hin, dass jetzt Pause sei, in der man frische Luft tanken solle und sich bei einem Kaffee austauschen und kennenlernen könne. Aber niemand schien mich zu hören, denn alle – wirklich alle – starrten bereits auf ihre Geräte, vollführten hektische Tipp- und Wischbewegungen und waren schon nicht mehr ansprechbar.

An dieser Stelle möchte ich anmerken, dass dieses Phänomen, nämlich dass eine Pause im Seminar oder im Training unverzüglich zum Checken von E-Mails oder zum Telefonieren genutzt wird, immer häufiger, wenn nicht sogar in jedem Seminar auftritt. Der Sinn und Zweck einer Pause geht dabei völlig verloren.

Doch zurück zur Situation mit den »gestandenen Managern«: Nach einer längeren Phase des Tippens und Wischens platzte es plötzlich aus einem der Teilnehmer heraus: »So ein Wahnsinn! 30! 30 E-Mails in 90 Minuten!« Er schüttelte ungläubig den Kopf.

»Das ist noch gar nichts«, ergänzte ein anderer. »Ich habe 45 ungelesene Nachrichten. Das sind zwei Nachrichten pro Minute!«

»Wie viele E-Mails bekommen Sie denn am Tag?«, fragte der erste Teilnehmer.

»Na ja, so um die hundert werden es wohl sein«, antwortete der Angesprochene, mittlerweile mit einem nachdenklichen Gesichtsausdruck. »Manchmal sind es nur 70 bis 80, manchmal aber auch mehr als hundert.«

»Mir geht es ähnlich«, gesellte sich ein dritter Teilnehmer hinzu und berichtete über seinen täglichen voluminösen Posteingang. Auch die anderen Teilnehmer wurden aufmerksam. Plötzlich entfachte eine rege Diskussion, die fast die Form eines ungewollten Wettstreits annahm, wer wohl die meisten E-Mails pro Tag bekommen würde. Der traurige Spitzenreiter in diesem Wettstreit war ein Manager, der einmal 185 E-Mails an einem Tag erhalten hatte!

»Ausgerechnet im Sommerurlaub wurde ich mit so vielen E-Mails zugeschüttet«, berichtete er. »Ich hatte meiner Frau versprochen, im Urlaub nicht dauernd aufs Handy zu schauen. Aber dann blinkte und vibrierte es ohne Unterlass. Eine Zeit lang habe ich versucht, es zu ignorieren und mich auf meiner Liege am Pool einfach nur zu entspannen. Soll es doch klingeln. Mir egal. Ich habe Urlaub! Das Telefon bleibt, wo es ist.«

»Wie lange haben Sie es ausgehalten?«, fragte ich ihn.

»Tja«, sagte er. »Irgendwann habe ich fast automatisch zum Handy gegriffen. Sofort fielen mir mein guter Vorsatz und mein Versprechen gegenüber meiner Frau ein, dass ich nicht »mal eben« die Mails checken würde. Die Versuchung war aber zu groß, zumal ich die ersten Absender bereits gesehen hatte. Der Drang, die Nachrichten zu öffnen, war unwiderstehlich. Das hätte ich nie gedacht.«

»So ähnlich geht es mir auch«, ergänzte ein anderer Teilnehmer.

»Eigentlich will ich nicht aufs Handy schauen, tue es aber trotzdem.«

»Möglicherweise sind wir schon so stark konditioniert, dass wir kontinuierlich aufs Handy gucken müssen«, meinte ein anderer Manager.

»Hat Ihre Frau denn etwas gemerkt?«, wollte ich von dem Teilnehmer wissen, der von seinem Urlaub erzählte.

»Ich wollte mir natürlich vor meiner Frau keine Blöße geben. Andererseits *musste* ich meine Mails checken. Also habe ich versucht, sie möglichst unauffällig auf meiner Liege zu lesen. Unter einer Decke. Ich habe mich zugedeckt und dachte, ich falle nicht auf.«

Ich musste daran denken, wie ich als kleiner Junge heimlich mit der Taschenlampe unter der Bettdecke gelesen habe. Manchmal waren die Bücher so spannend, dass ich einfach nicht aufhören konnte, obwohl ich es versprochen hatte. Aber hier sprachen keine lesesüchtigen Kinder miteinander, sondern gestandene Manager.

»Auf der Liege am Pool und zugedeckt?«, lachte ein Managerkollege. »Und das hat funktioniert?«

»Nicht wirklich. Meine Frau hat mich eigentlich sofort erwischt. Erst hat sie nur verständnislos den Kopf geschüttelt und die Augen verdreht, dann hat sie sich über mich lustig gemacht und mit einem breiten Grinsen im Gesicht verkündet, ich würde sie an einen kleinen Jungen erinnern, der heimlich unter der Bettdecke liest.«

»Genau das habe ich auch gerade gedacht«, sprudelte es aus mir heraus.

»Ich habe versucht, meiner Frau die Situation zu erklären. Auf der einen Seite war es mir schon peinlich. Auf der anderen Seite graut es mir nach jedem Urlaub davor, dass die Liste der unbearbeiteten und nicht beantworteten E-Mails endlos lang ist. Daher schaue ich lieber auch im Urlaub ab und an in mein Postfach, um es etwas zu pflegen. Dann ist der Berg an Mails bei meiner Rückkehr nicht ganz so groß.«

Die Fülle an E-Mails ist schon im Alltag von vielen kaum noch zu bewältigen. Wenn sich dann im Urlaub über mehrere Tage oder Wochen die Nachrichten massenhaft ansammeln, ist die Erholung gleich am ersten Arbeitstag wieder weg.

Ein weiteres Beispiel zeigt, dass die geschäftliche Kommunikation via E-Mail mitunter dazu führt, dass sich die damit verbundene Belastung sogar psychisch auf die Betroffenen auswirkt. In einem anderen Führungskräfteseminar, in dem wir ebenfalls über das Thema »E-Mails« sprachen, erzählte der Geschäftsführer eines Unternehmens tief besorgt, wie sehr ihn die E-Mail-Flut selbst nachts noch beschäftige. »Plötzlich wurde ich schweißgebadet mitten in der Nacht wach und musste an die vielen, vielen E-Mails denken, die ich nicht beantwortet oder gar nicht gelesen hatte. Aber damit nicht genug. Einige E-Mails sind mit Anhängen vollgepackt, als müssten alle Informationen, die es gibt, mitgesandt werden. Diese vielen Anhänge sind das reinste Horrorszenario. Jeder, aber auch jeder Vertragsentwurf mit einer Fülle von Kommentaren wird mitgeschickt. Vertragsentwurf Nummer eins, zwei, drei und so weiter und so weiter. Sieben Vertragsentwürfe hingen an einer E-Mail, die ich letztens bekommen habe. Was erwartet der Absender von mir? Soll ich die alle lesen? Unmöglich! Aber als Geschäftsführer bin ich schließlich verantwortlich und muss die Inhalte kennen. Kann das gut gehen?« Die Verzweiflung war dem Teilnehmer deutlich anzusehen.

»Und dann die lange Liste der Empfänger, die diese E-Mail in Kopie bekommen haben. Selbstverständlich markiert als »höchste Priorität«! So viele Menschen, die nun mit involviert sind. Ob die alle auch nicht schlafen können? Ob die sich auch wirklich angesprochen fühlen? Können Sie verstehen, dass mir das den Schlaf raubt?«, fragte er mich mit hoffnungsvoller Mine.

Das konnte ich verstehen und bestimmt können auch Sie die Sorgen dieses Geschäftsführers gut nachvollziehen. Wer hat in der heutigen Zeit noch nicht über zu viele E-Mails geklagt und sich über die Fülle von Anhängen geärgert? Wie gerne werden dann auch noch Vorgesetzte, Kolleginnen und Kollegen und weitere Personen und Gruppen mit einer Kopie der E-Mail »versorgt« (oder sollte ich besser sagen: belastet?). Was kann der Grund hierfür sein?

»Das ist ein ‚Ariel-Schein'«, hat mir ein Mitarbeiter eines großen Konzernunternehmens einmal gesagt. »Mit dem ‚Ariel-Schein' kann ich nachweisen,

Kommunikation per E-Mail: Fluch oder Segen? 1

dass ich alle informiert habe, falls mal was schiefgeht. Dann bin ich sauber und rein. So wie mit Ariel gewaschen.«

Selbstverständlich gibt es gute Gründe, warum man an bestimmte Personen eine E-Mail in Kopie schickt. Wenn es aber nur darum geht, sich selbst abzusichern, oder wenn der Zweck dahinter steckt, eine E-Mail oder auch sich selbst als besonders wichtig erscheinen zu lassen, sind diese Nachrichten oft nur belastend.

Auf der anderen Seite sind die Vorteile von E-Mails nicht zu leugnen. In Sekundenschnelle können wir mit der ganzen Welt kommunizieren. Nachrichten und Dokumente sind blitzschnell versandt und erreichen den jeweiligen Empfänger quasi sofort. Das ist ein nicht zu bestreitender Vorteil. Allerdings mehren sich die Stimmen, die der guten alten Zeit nachtrauern, als ein Brief noch ein paar Tage brauchte, bis er beim Empfänger auf dem Tisch lag und gelesen wurde.»Die Post ist noch nicht durch und noch nicht bei mir angekommen«, ließ sich in der Vergangenheit so manche Verzögerung entschuldigen. Berechtigt oder unberechtigt. Auf jeden Fall konnte man sich damals noch Zeit nehmen und dabei sogar Zeit gewinnen.

Im E-Mail-Verkehr oder bei Kurznachrichten per Smartphone ist jedoch in vielen Fällen genau zu erkennen, ob eine Nachricht angekommen ist und geöffnet wurde oder nicht.

Das führt zu einem weiteren Phänomen: »Ich habe dir doch vor drei Minuten eine E-Mail geschickt. Warum antwortest du nicht?«, fuhr ein Mitarbeiter seinen Kollegen einmal am Telefon an. Die Erwartung war – und das ist leider sehr oft zu beobachten –, dass auf versandte E-Mails umgehend geantwortet wird.

»Eine E-Mail ist eben kein Anruf«, entgegnete der Beschuldigte, ein erfahrener Mitarbeiter, in aller Ruhe. »Ich werde sie beantworten, sobald ich dazu komme.«

In manchen Fällen sollen E-Mails sogar das persönliche Gespräch komplett ersetzen. »In meiner Firma gibt es zwei Mitarbeiter, die schreiben sich gegenseitig nur noch E-Mails, obwohl sie sich gegenübersitzen«, berichtete mir zum Beispiel einmal eine Führungskraft.

»Das kann ich nicht glauben«, erwiderte ich. »Warum tun die das?«

»Sie sind ziemlich zerstritten und wollen eben nicht mehr miteinander reden. Also tauschen sie die nötigsten Informationen nur noch per E-Mail aus. Natürlich mit Kopie an den Chef!«

»So einen Fall kenne ich auch«, ergänzte ein anderer. »Bei uns sind zwei so zerstritten, dass sie ihren Konflikt per Mail austragen. Sie haben zwar versucht, ihn auf diesem Wege zu lösen, aber das hat nicht funktioniert.«

»Und wird auch nicht funktionieren«, schaltete ich mich ein. »Konfliktbewältigung per E-Mail führt in der Regel nur noch zu größeren Missverständnissen, verbunden mit Rechtfertigungen und einer weiteren Flut von E-Mails mit langem Verteiler.«

Bleibt die Frage: Was kann man tun, um der Belastung durch immer mehr E-Mails und dem Druck, sie möglichst sofort beantworten zu »müssen«, Herr zu werden?

In einigen großen Konzernunternehmen wird versucht, den Mitarbeiterinnen und Mitarbeitern zumindest am Abend oder am Wochenende den Druck durch E-Mails zu nehmen. Nach Feierabend, am Samstag, Sonntag und an Feiertagen werden keine Nachrichten mehr verschickt. Dafür werden die E-Mail-Server in den Unternehmen für bestimmte Gruppen abgeschaltet. Man will dadurch verhindern, dass sich die Empfänger der E-Mails verpflichtet fühlen, ihre E-Mails auch am Abend oder an Sonn- und Feiertagen zu beantworten.

»Seit das in meiner Firma so gemacht wird, bekomme ich von meinem Chef eben SMS«, kommentierte einmal eine Mitarbeiterin diese sicherlich gut gemeinte Strategie ihrer Firma.

Andere Unternehmen versuchen es damit, zumindest den internen E-Mail-Verkehr einzudämmen und möglichst gegen null zu fahren. Interne Kommunikation soll dort nur noch über ein internes »soziales Netzwerk« im Stil von Facebook geführt werden. Informationen werden also zu einer »Holschuld« gemacht. Wer sich informieren möchte, muss selber aktiv werden. So werden beispielsweise Präsentationen nicht mehr verschickt, sondern müssen bei Interesse selbst aus dem internen Netzwerk geladen werden.

Wieder andere Unternehmen legen in Leitlinien für Führungskräfte fest, dass die persönliche Kommunikation vor der Kommunikation per E-Mail anzustreben ist. Einige Unternehmen erstellen einen »E-Mail-Knigge«, der die Form und den Umfang von E-Mails regeln soll.

Eine sehr radikale Art, mit der Fülle von E-Mails umzugehen, schilderte einmal ein Teilnehmer in einem Seminar für Zeitmanagement: »Ich habe einmal meinen gesamten Posteingang mit 300 ungelesenen E-Mails bewusst gelöscht«, erzählte der Teilnehmer, eine Führungskraft aus einem großen Konzernunternehmen. »Ich wollte einmal ausprobieren, was passiert und wie viele Beschwerden ich bekomme, weil ich nicht auf E-Mails geantwortet habe. Tatsächlich habe ich nur drei ernste Beschwerden und einige freundliche Erinnerungen zur Beantwortung der jeweiligen E-Mail erhalten.«

Diese Art, mit vielen oder zu vielen E-Mails umzugehen, scheint mir nicht der richtige Weg zu sein. Aber was können wir tun?

Mit gutem Beispiel vorangehen! Das eigene E-Mail-Sendeverhalten zu reflektieren, hilft dabei ungemein: Wie kann ich unnötige E-Mails vermeiden und den Verteiler möglichst kurz halten? Welche Anhänge sind wirklich nötig? Kann ich das Telefon nutzen, statt eine E-Mail zu schreiben? Besteht die Möglichkeit zu einem persönlichen Gespräch?

Ein kleines Rechenbeispiel soll verdeutlichen, wie schnell Zeit und Aufwand eingespart werden können:

Rechenbeispiel: E-Mail-Sendeverhalten
Wenn ein Mitarbeiter an einem Vormittag nur vier E-Mails schreibt und zusätzlich zum Empfänger noch je zwei Personen mit einer Kopie berücksichtigt, müssen zwölf Personen das alles lesen.

Wenn man nur eine E-Mail weniger schreibt und bei jeder Mail je eine Person aus dem Verteiler streicht, müssen nur noch sechs Personen das alles lesen. Der Effekt: 50 Prozent weniger E-Mails!

Was empfiehlt sich, wenn der Posteingang doch überläuft?

Gute Erfahrungen habe ich selber damit gemacht, dass ich bei einer großen Anzahl ungelesener E-Mails, zum Beispiel nach dem Urlaub, zunächst eine grobe Vorsortierung vornehme. Dabei sortiere ich die Mails in A-, B- und C-Kategorien. Im Ordner A landen die Nachrichten, die die höchste Priorität (dringend und wichtig) haben. Um sie muss ich mich zuerst kümmern. In den Ordner B kommen die E-Mails, die zwar wichtig sind, aber nicht die höchste Priorität besitzen. Alle übrigen E-Mails, die entweder nicht eilig oder nicht wichtig sind, finden sich im Ordner C wieder. Viele von ihnen kann ich in der Regel nach einiger Zeit guten Gewissens löschen.

Viele Führungskräfte berichten, dass ihnen feste Zeiten zur Bearbeitung von E-Mails helfen, zum Beispiel eine oder zwei Stunden am Vormittag und eine oder zwei Stunden am Nachmittag. In dieser Zeit können sie die jeweiligen Nachrichten konzentriert abarbeiten. Dies hilft ihnen auch gegen den Automatismus, ständig auf ihr Mobiltelefon schauen zu müssen, ob neue Nachrichten eingegangen sind.

Wenn ich nicht weiß, warum ich in einer E-Mail auf dem Verteiler stehe, sollte ich das klar zurückmelden. Als Empfänger einer E-Mail bin ich nämlich in der Verantwortung, dem Absender mitzuteilen, ob ich informiert sein möchte oder sein muss oder ob ich direkt angeschrieben werden möchte, wenn von mir eine bestimmte Aktion erwartet wird.

> **!** **»Handfest zusammengefasst«**
>
> Die folgenden Fragen und Gedanken können helfen, die E-Mail-Flut etwas einzudämmen:
> - Gehen Sie mit gutem Beispiel voran und überlegen Sie, ob E-Mails, die Sie senden wollen, wirklich notwendig sind und wer unbedingt eine Kopie dieser Nachrichten erhalten sollte. Ist die Kopie zu Informationszwecken gedacht? Oder geht es lediglich darum, sich abzusichern oder sich später rechtfertigen zu können?

Kommunikation per E-Mail: Fluch oder Segen? 1

- Klären Sie, warum Sie selber Empfänger einer Kopie sind, wenn Ihnen das nicht sofort einleuchtet. Bitten Sie den Absender gegebenenfalls darum, zukünftig auf die Kopie zu verzichten oder konkret darauf hinzuweisen, wenn von Ihnen eine Aktion erwartet wird.
- Welche Anhänge einer E-Mail sind wirklich notwendig? Sind sie hilfreich oder sollen auch sie nur den Zweck der Rechtfertigung erfüllen?
- Kann ich, statt eine E-Mail zu schreiben, ohne größeren Aufwand ein persönliches Gespräch führen?

Konflikte lassen sich nur sehr selten per E-Mail lösen. Unterbrechen Sie aufkommende Konfliktsituationen im E-Mail-Verkehr möglichst umgehend und suchen Sie das Gespräch, persönlich oder zumindest telefonisch.

Eine Struktur im E-Mail-Eingangspostfach kann bei einer großen Menge von Nachrichten helfen, Prioritäten für die Bearbeitung zu setzen und unwichtige und überflüssige Mails sofort zu löschen.

Feste Zeiträume für die Bearbeitung von E-Mails, zum Beispiele anderthalb Stunden am Vormittag und anderthalb Stunden am Nachmittag, helfen, die eingegangenen Nachrichten konzentriert zu bearbeiten.

2 Führung

2.1 Die ersten 100 Tage als neue Führungskraft

»Plötzlich war ich der neue Chef!«
Für viele ist eine Beförderung auf die nächsthöhere Hierarchieebene durchaus erstrebenswert, für manche sogar ein erklärtes Ziel. Beim Aufstieg auf der Karriereleiter winken unter anderem Gehaltserhöhungen, zusätzliche Tantiemen, verbesserte Konditionen bei der betrieblichen Altersversorgung und natürlich mehr Macht und Einfluss.

Idealerweise werden die »Glücklichen«, die befördert werden sollen und auch befördert werden wollen, frühzeitig informiert und entsprechend auf die neuen Aufgaben und den erweiterten Verantwortungsbereich vorbereitet. Denn wie in der Politik gibt es auch in Unternehmen eine Phase der ersten 100 Tage, in der die angehenden neuen Vorgesetzten auf einige Herausforderungen besonders achten sollten. Anders als in der Politik, wo in dieser Phase der »Schonfrist« über Versäumnisse oder auch kleine Fehler noch hinweggesehen wird, geht es in Unternehmen oft sofort zur Sache. Die Mitarbeiterinnen und Mitarbeiter und die eigenen Vorgesetzten erwarten Leistung. Gut, wenn die Zeit da ist, wichtige Dinge wie zum Beispiel gegenseitige Erwartungen zu klären.

Leider kommt es aber immer wieder vor, dass eine Beförderung plötzlich ausgesprochen wird und der oder die »Neue« den neuen Job möglichst umgehend antreten muss. Dann bleibt keine Zeit für eine intensive Vorbereitung und die ersten 100 Tage starten sofort.

Auch ich habe eine solche Situation einmal erlebt, wurde ohne Vorwarnung befördert und von einem Tag auf den anderen mit neuen Herausforderungen konfrontiert. Es war ein ganz normaler Arbeitstag, an dem mal wieder viel zu viele Termine den Kalender füllten. Neben vielen internen Besprechungen stand an diesem Tag auch ein Treffen mit dem Vertreter eines möglichen Kooperationspartners an. Wir hatten uns auf einem Empfang eines Verbands kennengelernt und uns zu einem Meeting verabredet, in dem wir besprechen wollten, wo und wie wir zusammenarbeiten können.

Eine Kooperation mit dieser Firma interessierte mich sehr und ich war froh, dass mich einer ihrer Verantwortlichen in unserem Büro besuchte. Dieser Termin sollte das »Highlight« des Tages sein und den Start einer Phase der Zusammenarbeit mit vielen Chancen darstellen. Das war der ursprüngliche Plan. Der Tag ist aber völlig anders verlaufen. Statt einer neuen Kooperation begann für mich eine ganz andere, völlig unerwartete Phase in meinem Berufsleben, mit neuen und unerwarteten Herausforderungen.

Gerade als ich meinem Gast den ersten Kaffee einschenkte, wurde meine Tagesplanung komplett über den Haufen geworfen, denn plötzlich klingelte das Telefon im Besprechungszimmer. »Kommen Sie bitte einmal in mein Büro«, forderte mich einer der Vertreter der Unternehmensleitung auf. Der Ton seiner Stimme verriet, dass ich sofort kommen sollte.

»Ich habe gerade Besuch von einem auswärtigen Gast«, erwiderte ich zaghaft. »Könnte ich nach meinem Gespräch zu Ihnen kommen«, versuchte ich vorsichtig, die persönliche Audienz zu verschieben.

»Es ist sehr wichtig, dass Sie jetzt kommen«, stellte der oberste Chef eindeutig klar. »Sofort, bitte«, unterstrich er seine Aussage noch deutlich.

Ich ließ meinen Gast alleine mit seinem Kaffee zurück und ging ins Büro der Unternehmensleitung. Dort erwarteten mich neben zwei der obersten Vorgesetzten auch mein direkter Chef und der Verantwortliche aus dem Personalbereich. »Gut, dass Sie so schnell gekommen sind«, wurde ich kurz begrüßt. Ich versuchte, noch einmal anzubringen, dass ich einen auswärtigen Besucher hätte, und fragte, ob ich nicht später zur Besprechung dazustoßen könne.

»Nein, es ist wichtig, dass Sie hierbleiben, denn es geht um Sie! Um Ihren Besucher kann sich einer Ihrer Kollegen kümmern.«

Mir wurde etwas schummrig, denn ich hatte wirklich keine Ahnung, worum es gehen könnte. Fragend blickte ich meinen direkten Chef an, der sich aber schnell abwendete.

»Wir haben uns in der letzten Stunde intensiv beraten und beschlossen, Ihnen die Leitung der Abteilung zu übertragen«, klärte mich dann der oberste Chef auf.

Das war ein Paukenschlag! Mit allem hatte ich gerechnet, aber nicht mit einer Beförderung. Wahrscheinlich habe ich mit großen Augen und voller Unverständnis in die Runde geschaut, sodass der Verantwortliche für den Personalbereich das Wort ergriff: »Wir verstehen, dass Sie überrascht sind, aber wir wollen mit Ihnen jetzt besprechen, wie wir das Ganze schnell umsetzen und kommunizieren können. Ihr bisheriger Vorgesetzter wird kurzfristig eine neue Funktion im Unternehmen übernehmen. Der Übergang der Leitung Ihrer Abteilung soll so schnell wie möglich stattfinden. Wir gehen davon aus, dass Sie bereit sind, die neue Verantwortung zu übernehmen und die Stelle anzutreten.«

Ich schaute meinen bisherigen Vorgesetzten fragend an, der zuckte aber nur leicht mit den Schultern. »Ich bin natürlich etwas überrascht«, sagte ich kleinlaut. »Selbstverständlich freue ich mich sehr, dass Sie an mich gedacht haben«, stammelte ich. »Ich würde aber gerne verstehen, warum es zu dieser plötzlichen Veränderung kommt.«

»Das wird Ihnen Ihr jetzt ehemaliger Vorgesetzter erklären«, erhielt ich als Antwort. »Wichtig ist die sofortige Umsetzung. Morgen wollen wir die Entscheidung in Ihrer Abteilung und in der gesamten Firma kommunizieren.«

»Morgen schon?«, fragte ich entsetzt.

»Sie können sich ja schon einmal überlegen, was Sie zu Ihrer Antrittsrede sagen werden«, ergänzte der Personalverantwortliche lächelnd.

Eine Antrittsrede?, fragte ich mich. Es ist ja toll, befördert zu werden. Aber aus heiterem Himmel aus einer Besprechung mit einem externen Besucher herausgerufen und mal eben schnell befördert zu werden und das Ganze am nächsten Tag noch verkünden zu müssen, ist doch ziemlich holprig. Erste Sorgen kamen auf. Was kommt wohl noch alles auf mich zu? Ob alle Mitarbeiterinnen und Mitarbeiter diese Entscheidung so gut finden? Was erwarten sie wohl von mir als ihrem neuen Chef?

Die Bekanntmachung an die Abteilung am nächsten Tag durch den obersten Chef fand kurz und schmerzlos statt. Wie schon mir gegenüber verkündete er auch vor dem gesamten Team in knappen Worten, dass man sich entschieden habe, mir die Leitung zu übertragen, und dass er erwarte, dass alle mitziehen und mich unterstützen. Ich beobachtete das Team und meinte unterschiedliche Reaktionen zu sehen: Erstaunen, Freude, Skepsis und, ja, bei manchen auch ein wenig Ärger. *Ob die wohl auch gerne den Job bekommen hätten?*, fragte ich mich. Zum Abschluss meinte der oberste Chef noch zu mir, dass er vollstes Vertrauen in mich hätte und dass er sich sicher sei, dass ich meine Arbeit gut machen würde.

Was aber alles zu dieser Arbeit gehört und welche Erwartungen er genau in mich setzte, blieb unklar. Das sind aber elementare Fragen, die in der ersten Phase einer neuen Funktion, nämlich in den ersten 100 Tagen, dringend geklärt werden sollten.

Eine Antrittsrede, wie der Leiter der Personalabteilung sie vorgeschlagen hatte, habe ich zu Beginn nicht gehalten. Die Situation war mir selber zu unklar. Da ich nur ahnen konnte, was mein neuer Vorgesetzter von mir erwartete, wollte ich meine neue Aufgabe gegenüber meinem Team nicht mit allgemeinen Floskeln beginnen. Ich versprach, dass ich in Kürze mit weiteren Informationen auf das Team zukommen und gerne mit jedem Einzelnen sprechen würde.

Mein bisheriger Vorgesetzter bedankte sich bei den Mitarbeiterinnen und Mitarbeitern für die Zusammenarbeit und versprach, mich in alle wichtigen Themen, die mir noch nicht vertraut waren, einzuarbeiten.

Kaum war die Veranstaltung beendet, stürmten die ersten Kolleginnen und Kollegen auf mich zu. »Super! Herzlichen Glückwunsch! Wir freuen uns für dich! Du kannst dich natürlich voll auf uns verlassen«, gratulierten sie überschwänglich. Ich erinnerte mich gar nicht daran, dass ich mich mit allen Personen duzte, die mir fast um den Hals fielen, vor Freude. *Das geht aber schnell*, dachte ich mir. *So schnell wird man zum geliebten Chef.*

Andere Gratulanten zeigten sich etwas zurückhaltender. »Ich wünsche Ihnen viel Glück und Erfolg«, formulierten manche ihre Glückwünsche weni-

Die ersten 100 Tage als neue Führungskraft 2

ger emotional. Eine Person gab mir brav die Hand und nickte mir nur zu. Das erinnerte mich stark an Helmut Schmidt, der als scheidender Bundeskanzler seinem Nachfolger Helmut Kohl sehr nüchtern, aber trotzdem professionell gratulierte. *Der hat sich bestimmt einmal Hoffnungen auf den Chefsessel gemacht*, dachte ich mir.

Am nächsten Tag ging der normale Betrieb weiter. Mein bisheriger Vorgesetzter begann, mich in verschiedene Themen einzuweisen. Vereinzelt kamen Mitarbeiterinnen und Mitarbeiter und fragten nach ersten Entscheidungen. Noch konnte ich ihre Fragen in Abstimmung und mit Beratung durch meinen alten Chef beantworten. Bald ging das aber nicht mehr. Er sollte in den nächsten Tagen seine neue Funktion übernehmen und musste dort natürlich auch eingearbeitet werden. Als mein alter Chef das Team verließ, brachen für mich wirklich die ersten 100 Tage als neuer Chef an.

Worauf kommt es an, wenn ich in eine neue Vorgesetztenfunktion aufsteige? Welche Maßnahmen sind wann hilfreich?

»Ich habe vollstes Vertrauen, dass Sie Ihre Arbeit gut machen«, war die »Arbeitsbeschreibung« meines damaligen obersten Chefs. Das reicht nicht aus. Eine Klärung über die Aufgaben- und Verantwortungsbereiche sowie die gegenseitigen Erwartungen an die Zusammenarbeit bilden die Basis für eine gute Zusammenarbeit mit meinem Vorgesetzten und auch mit meinem neuen Team. Diese Fragen gilt es, schnellstmöglich zu klären.

Vor dem Team bietet es sich zu Beginn durchaus an, eine kleine Antrittsrede zu halten. Besonders neugierig sind die neuen Mitarbeiterinnen und Mitarbeiter natürlich, wenn sie ihren neuen Chef oder ihre neue Chefin noch gar nicht kennen.

Zur Vorbereitung dieser Antrittsrede ist zu überlegen, was ich von mir preisgeben möchte und was mein Team von mir wissen sollte. Typische Inhalte können sein:
- Wo komme ich her?
- Wie war mein bisheriger Berufsweg?
- Welche Erfahrungen habe ich bisher gemacht?

- Was zeichnet mich aus?
- Was ist mir in puncto Kommunikation, Führung und Zusammenarbeit wichtig?

Bei der Rede kommt es nicht nur auf die Inhalte an. Seien Sie ehrlich, authentisch und vermeiden Sie langweilige Standardfloskeln.

Um den neuen Verantwortungsbereich und vor allem die Mitarbeiterinnen und Mitarbeiter, mit denen es noch keine Zusammenarbeit gab, besser kennenzulernen, empfehlen sich Einzelgespräche. Dabei geht es vor allem darum, mit jedem über seine Person, seine bisherigen Aufgaben, Funktionen und Ziele und seine Erwartungen an die zukünftige Art der Zusammenarbeit zu sprechen. Als neuer Vorgesetzter ist hierbei wichtig, Fragen zu stellen und zuzuhören. Bisherige Leistungen und Erfolge sollten anerkannt werden. Bei diesen Gesprächen entsteht auch schon ein erster Eindruck hinsichtlich der Potenziale und Kompetenzen im Team und davon, wie hoch die Motivation ist.

Neben den ersten Gesprächen mit dem Team ist auch der Kontakt zu wichtigen Stakeholdern zu suchen. Wer kann für mich als neue Führungskraft und für meine Abteilung hilfreich oder bedeutsam sein? Mit welchen Kunden, Lieferanten, anderen Abteilungen, anderen Vorgesetzten, Kollegen oder auch dem Betriebsrat sollte ich das Gespräch suchen? Auch bei diesen Gesprächen ist es angebracht, sich selbst vorzustellen, aber auch Fragen zu stellen und zuzuhören.

Nach der ersten Phase der Orientierung geht es dann um die weitere Festlegung, wie die Zusammenarbeit und der Umgang miteinander sein sollen und welche Ziele verfolgt werden.

Was ist mir als Führungskraft wichtig? Wie können wir die Ziele der Abteilung erreichen? Welche neuen Wege können oder müssen wir gehen? Was möchte ich verändern? Wie setzen wir das um?

Diese Phase sollte jedoch erst angegangen werden, nachdem die Mitarbeiterinnen und Mitarbeiter ihre neue Chefin oder ihren neuen Chef kennengelernt haben, damit sie sich nicht »überrollt« fühlen.

Die ersten 100 Tage als neue Führungskraft 2

Wenn die ersten drei Monate beziehungsweise die ersten 100 Tage vergangen sind, bietet sich eine Diskussion mit dem Team an:
- Welche Rückmeldungen gebe ich meinen Mitarbeiterinnen und Mitarbeitern hinsichtlich meiner Erfahrungen der ersten 100 Tage?
- Welche Rückmeldung geben mir die Mitarbeiterinnen und Mitarbeiter über die Zusammenarbeit mit mir?
- Was ist gut und sollte so bleiben?
- Was haben wir schon geschafft?
- Wo müssen wir noch besser werden?
- Welche weiteren Herausforderungen stehen an?

»Handfest zusammengefasst« !

In den ersten 100 Tagen nach der Übernahme einer neuen Führungsfunktion empfehlen sich für Vorgesetzte die folgenden Schritte:
1. Ankommen, Bestandsaufnahme, Klärung der Erwartungen, Vorstellung und erstes Kennenlernen des Teams:
   - Reflexion der eigenen Situation.
   - Klärung der Erwartungen des eigenen Vorgesetzten.
   - Antrittsrede mit persönlicher Vorstellung.
   - Kennenlernen der Mitarbeiterinnen und Mitarbeiter mit ihren bisherigen Aufgaben und Verantwortungen.
   - Erste Einschätzung über individuelle Potenziale der Mitarbeiterinnen und Mitarbeiter.
   - Würdigung der Erfolge der Vergangenheit.
   - Erster Austausch über die Art und Weise der zukünftigen Zusammenarbeit.
2. Kontakte zu Stakeholdern:
   - Wer ist für mich oder mein Team wichtig oder kann mir beziehungsweise meinem Team behilflich sein?
   - Kunden, Lieferanten, Partner, Vorgesetzte, Kollegen, Wortführer, Meinungsbildner?
   - Gespräche mit wichtigen Stakeholdern suchen, Fragen stellen und zuhören.
3. Orientierung für das Team und Gestaltung der Zukunft:
   - Präsentation und Abstimmung der Ziele, des Vorgehens, der Veränderungen und der Kultur im zukünftigen Umgang miteinander.
   - Klärung operativer und strategischer Themen.
   - Aufzeigen individueller Entwicklungspotenziale.

Führung

4. Rückblick und Rückmeldung nach den ersten 100 Tagen:
   - Was hat bereits gut funktioniert?
   - Wo besteht Verbesserungspotenzial?
   - Aktiv Feedback von den Mitarbeiterinnen, Mitarbeitern, Vorgesetzten und Kollegen einfordern.

2.2 Der passende Führungsstil

»Erkenntnisse eines Experten an der Hotelbar«

»Gibt es eigentlich den richtigen Führungsstil?«, wurde ich einmal von einer jungen Führungskraft gefragt, die kurz vor der Übernahme eines neuen, großen Teams stand.

Meine Antwort lautete: »Gibt es denn den richtigen Mitarbeiter?«

Viele Gelehrte haben sich mit dieser Frage beschäftigt und in der Literatur kursieren unterschiedliche Theorien. Die aktuelle Diskussion befasst sich mit dem Modell der transformationalen Führung als dem Führungsstil, der in der heutigen Zeit der passende sein könnte.

Wie kann ich mich aber als Führungskraft im Alltag an die Erkenntnisse der jeweiligen Theorien erinnern und wie kann ich diese Erkenntnisse dann auch noch konkret und vor allem schnell und wirksam umsetzten und anwenden?

Selbstverständlich wandelt sich der Anspruch an Führung mit den Anforderungen in den unterschiedlichen Branchen, ihren Entwicklungen und Rahmenbedingungen. Der demografische Wandel und die Generation Y spielen ebenfalls eine wichtige Rolle und beeinflussen den »passenden« Führungsstil. Durch die zunehmende Digitalisierung werden sich möglicherweise viele Arbeiten und Organisationen in der Zukunft stark verändern. Auch das wird die Führung und den Führungsstil beeinflussen.

Die Darstellung der verschiedenen Theorien und unterschiedlichen Stile »passender« Führung würde den Rahmen dieses Buchs sprengen. Anhand der folgenden Situation wird jedoch deutlich, dass es neben allen Füh-

Der passende Führungsstil 2

rungstheorien im Wesentlichen darauf ankommt, den Stil zu wählen, der der Person und der Situation angemessen ist. Vielleicht ist dies ein Weg, um Führungskräften in komplexen Führungssituationen eine erste Orientierung für den »passenden« Stil zu geben.

Vor einiger Zeit kam nach einem Vortrag zum Thema »Führung«, den ich bei einem großen Industrieverband gehalten habe, einer der Teilnehmer auf mich zu und fragte mich, ob ich noch Zeit für ein persönliches Gespräch hätte. Er stellte sich mir als Herr F. vor, der als Geschäftsführer bei einem international tätigen Technikkonzern arbeitete. Neugierig geworden erklärte ich mich bereit, mir sein Anliegen anzuhören, zumal ihm anzusehen war, dass ihn das, was er mit mir besprechen wollte, sehr beschäftigte.

»Kennen Sie Herrn Br., den weltweit anerkannten, technischen Experten auf dem Gebiet, auf dem unser Unternehmen tätig ist?«, fragte er mich zur Gesprächseröffnung. Ich bejahte die Frage, denn Herr Br. war in der Tat eine Koryphäe seines Fachs, der sich aufgrund seiner Expertise und seiner vielen Publikationen einen Namen gemacht hatte.

»Herr Br. war bis vor Kurzem einer meiner Mitarbeiter«, teilte mir Herr F. mit. »Doch für mich völlig unerwartet hat er sich abwerben lassen und ist nun für ein Mitbewerberunternehmen tätig.« Seinem Gesicht war deutlich anzusehen, dass ihn dieser Umstand immer noch sehr frustrierte.

»Ich muss ganz ehrlich sagen, dass ich es überhaupt nicht verstehen kann, dass Herr Br. sich zu diesem plötzlichen Unternehmenswechsel entschlossen hat«, fuhr er fort. »Im Rahmen seines Verantwortungsgebietes konnte Herr Br. permanent um die ganze Welt reisen und Fachvorträge zu seinem Spezialthema halten. New York, San Francisco, Rio de Janeiro, Buenos Aires, Sydney, Tokyo, Peking, Moskau, London und andere Metropolen waren Stationen seiner Reise – welcher Mitarbeiter wünscht sich so etwas nicht? Reisekostenrichtlinien, die zur Buchung des jeweils günstigsten Tarifs bei der Flug- und Hotelwahl verpflichteten, galten für ihn nicht. Er durfte in den besten Fünfsternehotels übernachten und flog immer First Class. Seine Vorträge waren immer ausgebucht. Bis zu vierhundert Besucher waren bei seinen Veranstaltungen keine Seltenheit. Und selbstverständlich entsprach auch sein Gehalt seiner verantwortungsvollen Tätigkeit und seinem Status als weltweit anerkannter Experte«, schloss Herr F. seine Ausführungen. »Haben Sie vielleicht eine Vermutung, was jemanden wie Herrn Br. trotzdem dazu bewegt haben könnte, das Unternehmen zu wechseln? Sollte es das Gehalt gewesen sein, hätten wir uns sicherlich einigen können«, fügte Herr F. noch hinzu.

Ich antwortete Herrn F., dass es viele Gründe trotz scheinbar privilegierter Stellung geben kann. Doch ich bat ihn um Verständnis, dass ich mich nicht in Mutmaßungen ergehen wollte. Um die Frage beantworten zu können, hätte ich mit Herrn Br. sprechen müssen.

Wie der Zufall es wollte, traf ich Herrn Br. ein paar Monate später im Rahmen eines Fachkongresses. Wir kamen ins Plaudern und ich nutzte die Gelegenheit, ihn auf seinen Unternehmenswechsel anzusprechen.

»Soweit ich weiß, waren Sie doch bis vor einigen Monaten noch für ein anderes Unternehmen tätig, oder?«, fragte ich ihn.

Ohne, dass ich ihn nach den Gründen fragen musste, berichtete er mir von seiner Arbeit bei dem alten Unternehmen und wie es zu dem Wechsel kam.

»In meinem alten Unternehmen war ich ständig auf Reisen und habe unzählige Vorträge in aller Herren Länder gehalten«, begann er. »Von außen betrachtet hört sich das nach einem echten Traumjob an: Durch die Welt reisen, in tollen Hotels wohnen, Vorträge vor Fachpublikum halten.«

Herr Br. hielt kurz inne, als wolle er sich das alles noch einmal vor Augen führen. Dann sagte er zu meiner Überraschung: »Ganz ehrlich – ich fand diese Reiserei immer ganz schrecklich! Immer war ich woanders, nie zu Hause. Meine Frau beschwerte sich zu Recht, weil sie mit den Kindern die meiste Zeit alleine war. Und diese Vorträge: Ich hasse es, vor so vielen Menschen zu stehen, die mich alle neugierig anstarren. Ich fühle mich so unwohl dabei. Das Schlimmste aber war, dass mich mein damaliger Chef nie, wirklich nie gefragt hat, ob ich das überhaupt so wollte. Nie hörte er mir zu, wenn ich meine Schwierigkeiten ansprach, Vorträge vor so vielen Menschen zu halten. Nie ging er darauf ein, dass ich wegen der vielen Herumreiserei Ärger mit der Familie hatte. Auch meine Vorschläge, besser weniger

Der passende Führungsstil 2

Vorträge zu halten, aber mehr Fachartikel zu schreiben, kommentierte er nie. Er war stolz und gab damit an, welchen Experten er in seiner Firma hatte. Er reichte mich einfach von einer Veranstaltung zur anderen weiter! Führung stelle ich mir anders vor«, schloss Herr Br. seine Schilderung. Auch im Nachhinein schien er immer noch sehr verärgert über das Verhalten seines ehemaligen Vorgesetzten zu sein.

»Tja, und dann sprach mich eines Abends, als ich nach einem meiner Vorträge alleine und frustriert in einer Hotelbar saß, ein Headhunter an. Er musste wohl gespürt haben, dass ich mit meiner beruflichen Situation mehr als unzufrieden war, und befragte mich nach den Gründen dafür. Auch ihm habe ich genau das erzählt, was ich Ihnen gerade berichtet habe.«

»Und daraufhin hat Ihnen der Headhunter die Stellung angeboten, die Sie jetzt innehaben?«, fragte ich Herrn Br.

»Genau«, antwortete er mir. »Das klang erst alles zu schön, um wahr zu sein. Er bot mir eine Stellung in einem renommierten Unternehmen, bei der ich nicht mehr ständig zu reisen brauche. Ich könnte endlich das tun, was ich am liebsten mache, nämlich inhaltlich an den Themen meines Fachgebietes arbeiten. Er stellte mir weiterhin in Aussicht, dass für mich ein eigener Bereich mit einem eigenen Team geschaffen werden könnte«, berichtete mir Herr Br. immer noch voller Begeisterung. »Natürlich habe ich nicht sofort zugesagt. Es ist mir schon sehr schwer gefallen, weil ich mich meinem ehemaligen Arbeitgeber verpflichtet gefühlt habe. Auf der anderen Seite war ich aber auch schon sehr demotiviert, weil ich Führung in Form von Aufmerksamkeit, Anerkennung, Unterstützung und Einbeziehen bei Entscheidungen vermisst habe. Also habe ich nach reiflicher Überlegung und unter Einbeziehung der Meinung meiner Frau das Angebot angenommen«, schloss Herr Br. seine Erzählung. »Ich habe meinen Entschluss übrigens bis heute nicht bereut!«, fügte er noch hinzu.

Soweit also die zwei Seiten der Medaille der Geschichte um Herrn Br. und seinen ehemaligen Chef. Erst aus den Schilderungen und Sichtweisen beider ergab sich für mich das gesamte Bild. Doch was hätte eine gute Führungskraft tun können, um einen Experten wie Herrn Br. im Unternehmen zu halten?

Um den Führungsstil zu finden, der der jeweiligen Person und Situation entspricht, kann das Modell des situativen Führungsstils helfen. Dieser Stil geht zurück auf eine Theorie von Hersey und Blanchard aus dem Jahr 1977[10]. Hersey und Blanchard entwickelten zur ersten Orientierung das sogenannte Reifegradmodell für Mitarbeiterinnen und Mitarbeiter, durch das sich der jeweils passende Führungsstil ableiten lässt.

Das Reifegradmodell unterscheidet vier verschiedene Reifegrade, die sich nach dem Grad der Fähigkeiten und dem Grad der Motivation richten. Das Modell ist nicht starr oder statisch. Mitarbeiterinnen und Mitarbeiter zeigen je nach Anforderung und Situationen nicht immer den gleichen Reifegrad und können zwischen den verschiedenen Stufen wechseln. Für den passenden Führungsstil bedeutet das, dass ich als Führungskraft genau erkennen sollte, welchen Reifegrad meine Mitarbeiterinnen und Mitarbeiter in der jeweiligen Situation und für die jeweiligen Aufgaben haben.

Die einzelnen Reifegrade von Mitarbeiterinnen und Mitarbeitern lassen sich wie folgt darstellen:

> **Reifegrad 1: wenig Motivation, geringe Fähigkeiten**
> »Die wollen nicht und die können nicht«, hat einmal ein Seminarteilnehmer diesen Reifegrad umschrieben. Aber: Gibt es in Unternehmen tatsächlich solche Mitarbeiterinnen und Mitarbeiter? Falls ja, wie sähen sie dann aus?
> Nein, es sind nicht die typischen Fließbandarbeiter, die mit diesem Reifegrad in Verbindung gebracht werden. Es sind eher Mitarbeiterinnen und Mitarbeiter, die vielleicht am Anfang ihrer beruflichen Laufbahn stehen. Frisch aus der Schule oder von der Universität haben sie zwar theoretische Kenntnisse, aber die Fähigkeiten, die sie in einem Unternehmen bräuchten, fehlen ihnen noch. Außerdem würden sie nach Abschluss der Schule oder des Studiums vielleicht viel lieber noch ein Jahr durch die Welt reisen, statt sofort mit dem »Ernst des Lebens« zu beginnen. Manche junge Menschen berichten, dass ihre Eltern sie dazu drängen, doch sofort etwas »Vernünftiges« zu tun, statt einfach nur herumzureisen. Neben den Fähigkeiten fehlt ihnen also auch die Motivation.

---

10 Hersey-Blanchard Situational Leadership Theory, 1970-1980

Der passende Führungsstil 2

Ein anderer Grund dafür, dass Mitarbeiterinnen und Mitarbeiter einen Reifegrad 1 aufweisen, kann eine Veränderung im Unternehmen sein. Die Mitarbeiterinnen und Mitarbeitern müssen manchmal sehr kurzfristig neue, ungewohnte Aufgaben übernehmen, weil die alten, gewohnten Tätigkeiten nicht mehr gefragt sind. Beispielsweise soll ein erfahrener Außendienstmitarbeiter Aufgaben im Innendienst übernehmen. Die Tätigkeiten sind ihm nicht vertraut. Große Lust, das zu tun, verspürt er auch nicht.
Später wird noch eine Situation vorgestellt, die zeigt, wie schnell selbst ein langjähriger, sehr erfahrener Mitarbeiter von einem Moment zum anderen von einem höheren Reifegrad in den Grad 1 wechseln kann.

Reifegrad 2: hohe Motivation, geringe Fähigkeiten !

Im Vergleich zum Reifegrad 1 haben Mitarbeiterinnen und Mitarbeiter mit dem Reifegrad 2 zumindest Lust auf ihre Aufgaben. Sie können zwar immer noch wenig, sind aber motiviert, dazuzulernen. Typisch für diesen Reifegrad sind Berufsanfänger (die nicht durch die Welt reisen wollen oder schon durch die Welt gereist sind), die voller Tatendrang neue Aufgaben übernehmen wollen. Auch bei der Übernahme neuer Aufgaben, zum Beispiel im Rahmen von Job Rotation oder bei Beförderungen oder Umbesetzungen, kann die Motivation hoch sein, weil man sich auf die neuen Aufgaben freut. Die notwendigen Fähigkeiten sind aber noch nicht ausreichend vorhanden.

Reifegrad 3: geringe Motivation, hohe Fähigkeiten !

Wer sind typische Mitarbeiterinnen und Mitarbeiter mit Reifegrad 3? Die Teilnehmer eines Seminars antworteten auf diese Frage spontan: »Wir alle. Wir sind fachlich alle top, aber auch extrem demotiviert.« Diese Menschen sind besonders »gefährdet«. Sie sind nämlich oft die Zielgruppe von Headhuntern oder hegen von sich aus Abwanderungsgedanken. Die Gründe für ihre Demotivation können unterschiedlich sein. Es kann zum Beispiel daran liegen, dass sie nicht befördert wurden, ihnen leere Versprechungen gemacht wurden, Lob ausblieb oder ihre Fähigkeiten nicht geschätzt und anerkannt wurden. Im Falle von Herrn Br. war es eine Kombination aus mangelnder Wertschätzung seiner Fähigkeiten, vermisstes Interesse an seiner Person und seinen persönlichen Bedürfnissen sowie mangelndem Rückhalt im Zusammenhang mit neuen, alternativen Vorgehensweisen.

Führung

> **Reifegrad 4: hohe Motivation, hohe Fähigkeiten**
>
> Die vermeintlichen Stars: Mitarbeiterinnen und Mitarbeiter mit hoher Motivation und hohen Fähigkeiten. »Die können und wollen sogar«, brachte es einmal ein Seminarteilnehmer auf den Punkt. Diesen Reifegrad wünschen sich wahrscheinlich die meisten Vorgesetzten in ihren Teams. Aber auch hier ist der passende Führungsstil von Bedeutung. Wenn Mitarbeiterinnen und Mitarbeiter das Gefühl haben, dass Vorgesetzte Zweifel an ihren Fähigkeiten haben, bewegen sie sich schnell zum Reifegrad 3 und geraten somit wieder in den Fokus von Headhuntern. Dieser Zweifel kann schnell aufkommen, wenn Führungskräfte zum Beispiel »Mikromanagement« betreiben, alles im Detail vorgeben oder sogar selbst durchführen wollen. Auch kontinuierliches Nachfassen – sicherlich in guter Absicht – kann dazu führen, dass das Vertrauen in die eigenen Fähigkeiten ins Wanken gerät.

Die folgende wahre Situation zeigt, wie schnell Menschen mit Reifegrad 4 in einen anderen Reifegrad geraten:

Eine Führungskraft in einem internationalen Unternehmen, nennen wir sie Herr S., war verantwortlich für den Bereich »Führungskräfteentwicklung«. Das Unternehmen befand sich in einem intensiven Veränderungsprozess. Dem Vorstand war wichtig, dass im Change-Prozess und natürlich auch nach Abschluss der Veränderungsmaßnahmen eine konstruktive Kommunikations- und Führungskultur gelebt wird. Herr S. erhielt den Auftrag, Führungsleitlinien zu entwickeln. Diese Leitlinien sollten dazu dienen, das Verständnis und die Erwartung der Unternehmensleitung an Führung klar aufzuzeigen. Im Rahmen von Feedbackgesprächen sollten die Führungskräfte später Rückmeldungen von ihren Mitarbeiterinnen und Mitarbeitern zu ihrem Führungsverhalten analog der Leitlinien erhalten. Herr S. »brannte« für das Thema und berichtete: »Ich war begeistert von meiner Aufgabe, denn ich war fest davon überzeugt, dass die Firma genau diese Instrumente dringend benötigte. Der Veränderungsprozess sollte und musste durch effektive Führung unterstützt werden. Außerdem war ich überzeugt, dass gute Führung sich zusätzlich positiv auf das »Employer Branding«, also den Ruf des Unternehmens, auswirkt. Das würde uns zukünftig helfen, gute Leute zu finden und auch zu halten.« Herr S. schwärmte weiter von seinen Aufgaben. »Ich war definitiv ein Mitarbeiter mit Reifegrad 4«, erzählte er voller Stolz. Seine euphorischen Ausführungen über seine Philosophie vom Sinn und Zweck guter Führung endeten jedoch abrupt, als er davon erzählte, dass er irgendwann einen neuen Vorgesetzten bekam.

Entrüstet schilderte er die weitere Entwicklung: »Der neue Vorgesetzte sah meine Arbeit plötzlich ganz anders. Er sagte mir, dass das, was ich aufgebaut hatte »ja sehr nett« und die von mir erstellten Leitlinien »wirklich sehr hübsch« seien, wir aber doch andere Prozesse bräuchten, um unser Image nach draußen zu verbessern und Mitarbeiterinnen und Mitarbeiter langfristig an uns zu binden. Nach seiner Meinung müssten wir attraktive Vergütungssysteme einführen. Er beauftragte mich damit, ein neues variables Vergütungssystem zu entwickeln, das Elemente von short-, medium- und longterm Incentives beinhalten sollte!« Je mehr Herr S. erzählte, desto frustrierter wirkte er.

»Ich war geschockt«, beschrieb er seine Stimmung. »Ich hatte keinerlei Ahnung, was short-, medium- oder longterm Incentives sind. Außerdem war ich zu 100 Prozent überzeugt, dass die Themen rund um Führung entscheidend waren und nicht irgendwelche Vergütungssysteme. Ich konnte also nicht und wollte auch nicht an dem Thema arbeiten! Ich verwandelte mich in Sekundenschnelle von einem Mitarbeiter mit Reifegrad 4 zu einem Mitarbeiter mit Reifegrad 1.«

Herr S. konnte seinen neuen Vorgesetzten glücklicherweise davon überzeugen, dass er nicht der richtige Mitarbeiter für diese Themen sei. Wenn er aber die Aufgabe hätte übernehmen müssen, wäre die Führungskraft stark gefordert und ein spezifischer Führungsstil zur Unterstützung von Herrn S. nötig gewesen. Führung wird nämlich nur dann erfolgreich sein, wenn es der Führungskraft gelingt, die Mitglieder seines Teams situativ richtig zu führen. Zu dem jeweiligen Reifegrad von Mitarbeiterinnen und Mitarbeitern lassen sich passende Führungsstile ableiten.

Führung

> **!** **Führungsstil Reifegrad 1: dirigierender Führungsstil**
>
> Bei Reifegrad 1 ist es entscheidend, Aufgaben detailliert zu erklären, zu beschreiben und eventuell sogar vorzumachen. Unterstützend für die Mitarbeiterinnen und Mitarbeiter mit Reifegrad 1 kann hierbei ein »Mentor« sein, der als Ansprechpartner für Fragen zur Verfügung steht, wenn ich als Vorgesetzter nicht selber zur Verfügung stehe oder stehen kann. Reifegrad-1-Typen brauchen kontinuierlich Rückmeldung zu ihrer Leistung, damit sie Sicherheit erlangen. Die Kontrolle der Aufgabenerfüllung und der Zielerreichung erfolgt kurzfristig und regelmäßig. Das fördert die Motivation. Eigene Entscheidungen treffen zu müssen, würde Mitarbeiterinnen und Mitarbeiter mit Reifegrad 1 hingegen überfordern.
>
> Eine junge Führungskraft wählte zur Verdeutlichung der Führungsstile einmal das folgende simple Beispiel: »Wenn ich eine Person mit Reifegrad 1 bitten würde, in einem Besprechungsraum den Tisch für einen anstehenden Kundenbesuch mit Kaffeetassen einzudecken, müsste ich detailliert beschreiben, was ich erwarte. Die Person benötigt klare Ansagen, wo Kaffeetassen und Teller zu finden sind, wo und wie beides zusammen auf dem Tisch platziert wird und dass Zucker, Milch und eventuell auch Kekse dazugehören. Wenn sie alles richtig gemacht hat, hilft ihr eine positive Rückmeldung, Sicherheit in der Aufgabenerledigung zu erlangen und so Motivation zu gewinnen.«

> **!** **Führungsstil Reifegrad 2: anleitender Führungsstil**
>
> Mitarbeiterinnen und Mitarbeiter mit einem Reifegrad 2 benötigen ebenfalls fachlich detaillierte Erklärungen. Sie können aufgrund ihrer hohen Motivation aber bereits in Überlegungen mit eingebunden werden. »Wie würden Sie dieses oder jenes angehen?« wären typische Fragen.
>
> Den Führungsstil für den Reifegrad 2 umschrieb die bereits oben erwähnte junge Führungskraft wie folgt: »Auch hier würde es bedeuten, dass der Person mit Reifegrad 2 klar gesagt werden sollte, wo Tassen und Teller zu finden sind, um den Tisch für den anstehenden Kundenbesuch zu decken. Um sie in ihrer Motivation weiter zu unterstützen und gleichzeitig auch behutsam weiterzuentwickeln, könnte ich sie auffordern, eigene Vorschläge zu unterbreiten, wie der Tisch zu decken sei. Die Entscheidung sollte aber nicht von ihr getroffen werden. Eine kurzfristige Kontrolle mit entsprechender Rückmeldung hilft diesen Personen in ihrer weiteren Entwicklung.«

Führungsstil Reifegrad 3: Coaching-Führungsstil

Verfügen Mitarbeiterinnen oder Mitarbeiter über den höheren Reifegrad 3, ist die Führungskraft als Coach gefordert. Zum Coach wird sie, indem sie die unterschiedlichen Herangehensweisen zur Problemlösung oder Umsetzung einer Aufgabe mit dem Mitarbeiter diskutiert, ihm einen größeren Handlungsspielraum lässt, sich aber durch geeignete Fragen und Einsichtnahmen dahin gehend vergewissert, dass die Zielerreichung sichergestellt ist.

Personen mit einem Reifegrad 3 benötigen Anerkennung ihrer hohen fachlichen Kompetenz und die Gewissheit, dass die Führungskraft im Falle eines Fehlers aufgrund ihrer eigenen Entscheidung hinter ihnen steht. Die Aufgaben sollten ihren Fähigkeiten angemessen sein und dürfen durchaus etwas herausfordernd sein. Sie sollten nicht zu einer gefühlten Unterforderung führen. Es handelt sich somit um ein stark unterstützendes und wenig direktives Führungsverhalten.

In der Umschreibung der jungen Führungskraft bedeutet das: »Ich informiere die Person mit Reifegrad 3, dass ein Kundenbesuch ansteht und dafür der Besprechungsraum entsprechend vorbereitet werden muss. Ich würde sie fragen, wie sie sich vorstellen könnte, zum Beispiel den Tisch zu decken, was dazugehört oder worauf es noch ankommen könnte etc. Ich würde ihr die Entscheidung und Umsetzung überlassen. Als Ansprechpartner stünde ich bei Fragen beratend zur Verfügung. Ich würde aber keine Vorgaben machen.«

Führungsstil Reifegrad 4: delegierender Führungsstil

Personen mit Reifegrad 4 verfügen über hohe Kenntnisse und hohe Motivation. Als Führungskraft muss ich diesen Mitarbeiterinnen und Mitarbeitern das uneingeschränkte Vertrauen entgegenbringen, weil sie wissen, wie sie ihre Aufgaben erfüllen und wie sie zum Ergebnis kommen. Ich muss Aufgaben delegieren! Dabei übernimmt der Mitarbeiter die umfassende Verantwortung für die Erfüllung seiner Aufgabe. Seine Handlungs- und Gestaltungsspielräume sind groß. Die Führungskraft muss durch umsichtige Information, geeignete Vorgaben und abgestimmte Ergebniskontrollen dafür sorgen, dass der Mitarbeiter Ergebnisse liefert. Zu häufiges Nachfragen kann schnell dazu führen, dass sich diese Mitarbeiterinnen und Mitarbeiter kontrolliert fühlen. Die Gefahr besteht darin, dass sie dann in Reifegrad 3 absinken.

Die Beschreibung des delegierenden Führungsstils der jungen Führungskraft lautete: »Personen mit Reifegrad 4 informiere ich nur über den Termin des Kundenbesuchs. Sie wissen dann schon, was sie zu tun haben. Darauf kann ich mich verlassen.«

Reifegrad	Motivation	Fähigkeit	Führen durch
1	–	–	Dirigieren
2	+	–	Anleiten
3	–	+	Coachen
4	+	+	Delegieren

Übersicht über die Reifegrade

> **»Handfest zusammengefasst«**
> Unternehmen können es sich heute und besonders in Zukunft nicht leisten, dass aufgrund mangelnden oder falschen Führungsverhaltens, eine hohe Fluktuation bei der Belegschaft entsteht. Der demografische Wandel zwingt sie unter anderem dazu, die besten Kräfte ins Unternehmen zu bekommen und dort auch zu halten. Dabei spielt Führung eine entscheidende Rolle, wenn es um Zufriedenheit bei der Belegschaft, aber auch um das Image der Firma geht.
> Mitarbeiterinnen und Mitarbeiter brauchen den Führungsstil, der zu ihrer Situation beziehungsweise Aufgabe und zu ihrer Person passt. Die Reifegrade 1 bis 4 geben dabei Orientierung, wie stark oder wie wenig direktiv geführt werden sollte. Die Voraussetzung ist, dass sich die Führungskraft die Zeit nimmt, die Mitarbeiterinnen und Mitarbeiter aufmerksam hinsichtlich ihres Reifegrads einzuschätzen. Im Zweifel hilft immer ein Gespräch mit gegenseitigem konstruktivem Feedback über den jeweiligen Führungsstil.

2.3 Die Gefahren des Mikromanagements

»Wie der Karneval an mir vorbeizog«
Kennen Sie die effektivste Methode, wie Sie als Führungskraft Ihre Mitarbeiterinnen und Mitarbeiter in Windeseile frustrieren und demotivieren können? Werden sie Mikromanager! Übernehmen Sie Aufgaben, die eigentlich in den Verantwortungsbereich Ihrer Untergebenen fallen. Kümmern Sie sich um alles selber. Bis ins kleinste Detail. Denn wer könnte das besser als Sie? Die anderen haben doch eh alle keine Ahnung. Und letztendlich tragen schließlich Sie die Verantwortung, falls etwas schiefgeht. Was auszuschließen ist, wenn Sie sich selbst darum kümmern. Delegieren Sie bloß nichts.

2 Die Gefahren des Mikromanagements

Falls Sie dennoch das Wagnis eingehen wollen, die eine oder andere kleine Teilaufgabe an andere zu übertragen, gilt: Vertrauen ist gut, Kontrolle ist besser – und mindestens dreimal kontrollieren ist am besten. Denn eines ist klar: Ihre Leute machen ständig Fehler. Sie natürlich nicht. Wie sonst wären Sie wohl in die Position gekommen, die Sie jetzt in Ihrem Unternehmen innehaben? Selbst ist der Mann bzw. die Frau. Also frisch ans Mikrowerk!

Klingt irgendwie lustig, nicht wahr? Ist es aber nicht. Das können alle bestätigen, die im Laufe ihrer Karriere bereits unter einem Vorgesetzten arbeiten mussten, der dem Mikromanagement verfallen ist. Da die wenigsten von uns in eine Führungsposition hineingeboren wurden, ist die Wahrscheinlichkeit, mindestens einmal im Leben Untergebener dieses Führungskräftetypus zu sein, nicht allzu gering. Auch ich habe diese Erfahrung leider machen müssen. Die folgende Episode meiner beruflichen Laufbahn wird mir deshalb zeit meines Lebens in Erinnerung bleiben.

Das Unternehmen, bei dem ich seinerzeit angestellt war, plante ein neues Geschäftsfeld zu erschließen. Problematisch war, dass dieser Bereich für uns absolutes Neuland war. Wir waren zwar alle hoch motiviert, aber was uns fehlte, war die Erfahrung auf diesem Gebiet. Wir sahen uns mit einer klassischen Situation konfrontiert: Wir wollten zwar, aber wir konnten nicht so richtig. Das neue Geschäftsfeld war hochkomplex und zudem mit diversen Risiken behaftet. Die Abgrenzung der Risiken hinsichtlich des »Was wollen wir?« und des »Was dürfen wir?« war daher zunächst das beherrschende Thema, dem ich mich widmen musste, denn ich war als einer der Projektverantwortlichen bestimmt worden. Zur Klärung der Fragen, wozu das Unternehmen bereit war, welche Risiken es tragen wollte und welche nicht, war auf meine Bitte und Initiative hin eine Besprechung mit Herrn Sch. angesetzt worden. Herr Sch. gehörte der obersten Führungsriege an und wurde aus unternehmensübergreifenden Interessen herangezogen, weil es bei dem Projekt viel um Firmen- und Konzernpolitik ging, um sensible Themen also. Klar, dass ich mich vorsichtshalber mit ihm abstimmen und dadurch absichern wollte.

Auch für Herrn Sch. war das neue Geschäftsfeld weitestgehend Terra incognita. Sein Verantwortungsbereich war eigentlich ein ganz anderer, in dem er bereits viele, viele Jahre gearbeitet hatte. Auf seinem Gebiet kannte er sich bestens aus und hatte sich einen exzellenten Ruf erarbeitet. Nun aber mussten wir uns dem neuen Thema widmen und hatten zu diesem Zweck, wie ich bereits erwähnt habe, einen Besprechungstermin ausgemacht. Ich hegte keinerlei Zweifel, dass er sich – genauso wie ich auch – gründlich und gewissenhaft mit der neuen Aufgabenstellung befasst, die Ausgangssituation analysiert, die Probleme und Risiken erkannt und Lösungswege erarbeitet hatte.

Um Herrn Sch. und seine Arbeitsweise ein wenig näher zu beschreiben, eignet sich am besten ein kurzer Blick auf seinen Schreibtisch. Denn der war sehr bezeichnend. Da Herr Sch., wie gesagt, zur obersten Führungsriege des international operierenden Unternehmens gehörte, hatte er selbstverständlich ein Büro von der Größe eines kleinen Apartments. Den räumlichen Dimensionen angepasst war auch sein Schreibtisch, der von den Abmessungen jedem Billardtisch mühelos Konkurrenz machen konnte – eine Monstrosität aus Massivholz, der Albtraum eines jeden Möbelpackers. Die Holzart, aus dem die Tischplatte gefertigt war bzw. die Farbe derselben war allerdings nicht mehr zu erkennen. Das lag daran, dass der Schreibtisch mit Papierstapeln übersät war. Jeder Stapel hatte ungefähr eine Höhe von 30 Zentimetern. Und es waren so viele Stapel, dass die gesamte Tischplatte bedeckt war. Neben seinem Schreibtisch stand ein Besprechungstisch mit sechs Stühlen, der genauso groß war wie der Schreibtisch. Auch seine Platte war nicht zu sehen, weil auch dieser Tisch als Ablagefläche für unzählige Papierhaufen herhalten musste. Hinter seinem Schreibtisch gab es die typischen Aktenschränke bzw. Anrichten. Sie ahnen es schon: Auch sie waren vollständig mit Papieren überfrachtet. Die Fragen, die ich mir jedes Mal stellte, wenn ich sein Büro betrat, waren: *Wie kann ein Mensch nur so viel lesen? Wie schafft der Mann das bloß? Und wie findet er in diesem Papierchaos die Unterlagen wieder, die er gerade sucht und benötigt?* Fragen, auf die ich bis heute keine Antworten habe.

Unternehmensweit bekannt war Herr Sch. zudem für seinen ausgiebigen Kommunikationsstil und seine ewig langen E-Mails, die er ganz offensichtlich mit großer Leidenschaft verfasste. Daher nannten die Mitarbeiterinnen und Mitarbeiter des Unternehmens seine E-Mails scherzhafterweise »B-Mails«, wobei das »B« für »Book« bzw. »Buch« stand. Die extreme Länge seiner Mails, in denen er in epischer Breite nimmermüde sämtliche Aspekte

Die Gefahren des Mikromanagements 2

des jeweiligen Themas auswalzte, bewirkte, dass wir jedes Mal innerlich zusammenzuckten, sobald eines seiner neuen Werke in unserem E-Mail-Postfach landete. In der Zeit, als es noch Telexe gab, mussten die von ihm verfassten in der Regel aufgerollt werden. An ein Abheften war gar nicht zu denken, wusste ein altgedienter Mitarbeiter zu berichten.

Nun sollte es also zu der besagten Besprechung kommen. Ich hatte vor, Herrn Sch. kurz mein Konzept vorzustellen, benötigte von ihm eine Entscheidung, wo und wie wir die Risiken abgrenzen wollten, und erhoffte mir die Klärung von ein paar Fragen, die sich mir im Laufe der bisherigen Projektarbeit gestellt hatten. Bekanntermaßen haben Chefs in der Regel einen sehr engen Terminkalender. So kam es, dass der einzige Tag, den er mir zur Besprechung anbieten konnte, der Rosenmontag war. Verglichen mit dem Rheinland hat der Karneval – und insbesondere der Rosenmontag – im Ruhrgebiet einen nicht allzu hohen Stellenwert. Nichtsdestotrotz hatte ich schon lange im Voraus meinen Kindern und ein paar Freunden versprochen, mit ihnen zum Rosenmontagszug zu gehen und freute mich schon sehr darauf. Da die Besprechung für 9.00 Uhr angesetzt war, ging ich davon aus, dass wir bis zum Umzug längst alle Details besprochen hätten und ich rechtzeitig den frühen Feierabend einläuten und dem Karnevalsumzug beiwohnen konnte. Im Grunde gab es auch gar nicht so viel zu besprechen und ich hatte eine klare Agenda im Kopf. Daher hatte ich keinerlei Bedenken hinsichtlich des Termins. Im Übrigen wollte ich bei dem Projekt ja auch weiterkommen und sah es als gute Gelegenheit, mich zu empfehlen und meine Karriere voranzutreiben.

Punkt 9.00 Uhr betrat ich also das Vorzimmer mit meinen Unterlagen, bereit, die wichtigen Fragen des Projekts durchzusprechen. Doch die Assistentin teilte mir mit leicht mitleidsvollem Blick mit, dass sich der Termin nach hinten verschieben würde, weil das vorhergehende Meeting von Herrn Sch. länger als erwartet dauern würde.

Na toll, dachte ich. *Typisch. Vermutlich redet er wieder so viel, dass er jedwedes Zeitgefühl verloren hat.*

Die Besprechung begann eine Stunde später, also erst um 10.00 Uhr. Immer noch Zeit genug, um alle Punkte durchzugehen und anschließend pünktlich meine Kinder und Freunde beim Rosenmontagszug zu treffen. Dachte ich. Zu meinem Leidwesen stellte sich schnell heraus, dass ich mich in diesem Punkt gründlich geirrt hatte.

Wie schon gesagt: Ich war bestens auf die Besprechung vorbereitet und wollte vor allen Dingen kurze und aussagekräftige Antworten auf die Fragen, die ich mir notiert hatte. Wie ich erwarten konnte, kurze und knappe Antworten zu erhalten, ist mir im Nachhinein bis heute ein Rätsel. Ich hätte es von vornherein besser wissen müssen. Bevor ich überhaupt etwas sagen konnte, begann Herr Sch. über die Komplexität des anstehenden Projekts zu dozieren. Er erklärte mir als Erstes die Situation. Dass mir diese selbstverständlich bestens bekannt war, denn ich war ja beauftragt worden, mich mit ihr auseinanderzusetzen und ein Konzept für das neue Geschäftsmodell zu konzipieren, ignorierte er völlig. Damit nicht genug: Er holte in seinen Ausführungen so weit aus, dass ich mich zwischenzeitlich wunderte, dass er nicht auch noch Adam und Eva thematisierte. Ich versuchte daher, eine seiner kurzen Atempausen zu nutzen, um vorsichtig das Wort zu ergreifen und ihm meine Fragen, Problempunkte und Ziele darzulegen. Doch meine Hoffnung auf klärende Antworten wurde enttäuscht. Stattdessen erklärte er mir bis ins kleinste Detail die Zusammenhänge des gesamten Projekts und sämtliche Aspekte, die zu bedenken waren. Auch mein nächster Versuch, das Gespräch in die Bahnen zu lenken, die für mich wichtig waren, ignorierte er und monologisierte unermüdlich ohne Punkt und Komma weiter.

Mittlerweile war es 11.30 Uhr. Nicht eine einzige meiner Fragen war bis zu diesem Zeitpunkt beantwortet worden. Ich wurde unruhig. Für das Treffen mit meinen Kindern und Freunden um 13.00 Uhr wurde es langsam doch etwas knapp.

In einem letzten, verzweifelten Versuch schob ich Herrn Sch. ein paar Seiten mit Skizzen, Tabellen und Konzeptideen, die ich im Vorfeld erarbeitet hatte, hinüber. Und siehe da: Er schenkte ihnen tatsächlich Aufmerksamkeit und es gelang mir, langsam den Fokus auf die für mich wichtigen Punkte zu lenken. Er begann, meine erste Frage zu beantworten. Innerlich jubilierte ich. Kurzzeitig. Denn in seiner unnachahmlichen Art gelang es ihm, die Antwort in Form eines mittellangen Romans zu geben.

Die Gefahren des Mikromanagements 2

13.00 Uhr. Das war es also mit meiner Verabredung. Ich war mir zunächst nicht sicher, ob ich es mir nur eingebildet hatte oder ob ich tatsächlich schon in der Ferne die erste Karnevalsmusik hören konnte. Denn der Rosenmontagszug führte direkt am Unternehmensgebäude vorbei, sodass die akustische Wahrnehmung der Pauken, Trompeten und sonstiger karnevalskapellentypischer Instrumente früher oder später unausweichlich war. Ich spitzte die Ohren. Da war es wieder. »Ruuuuuckiiiii-zucki«, tönte es – in noch weiter Ferne. *Ironie des Schicksals*, dachte ich. Der Zug hatte sich also schon in Bewegung gesetzt.

Dessen ungeachtet erging sich Herr Sch. weiter in seinen Ausführungen. Hinsichtlich der Risikoabgrenzung entschied er, dass wir eine eindeutige Position zu beziehen hätten und dementsprechend ein klares Statement formulieren sollten.

Ach was, sag bloß, dachte ich nur. Genau das war ja eine der Kernfragen, die ich mit ihm besprechen wollte. Er bat mich, einige Punkte zu notieren und ich sah mich unvermittelt in der Rolle einer Schreibkraft, der er in klassischer Chefmanier diktierte. Selbstverständlich blieb es nicht bei »einigen Punkten«. Aber das haben Sie jetzt sicherlich auch nicht erwartet, oder? Nein, au contraire! Mal abgesehen davon, dass ich in Ermangelung von Stenografiekenntnissen Schwierigkeiten hatte, seinen ungebremsten Redefluss zu Papier zu bringen, ahnte ich sehr schnell, dass aus »einigen Punkten« mindestens ein Schriftstück in der Länge seiner berühmt-berüchtigten B-Mails werden würde. Ich sollte recht behalten.

13.40 Uhr. »Mer losse d'r Dom en Kölle, denn do jehööt hä hin.« Der Rosenmontagszug kam hörbar näher. Ich wünschte mir, dass Herr Sch. ebenfalls die Kirche im Dorf lassen würde. Machte er natürlich nicht. Ich schrieb und schrieb und hatte keine Möglichkeit, ihn in seinem Diktat zu unterbrechen. Als er nach einer gefühlten Ewigkeit endlich fertig war, bat er mich, das Notierte noch einmal vorzulesen. Pflichtschuldigst tat ich, wie mir geheißen. Und es kam, wie es kommen musste – der Vorlesephase schloss sich eine Korrekturphase an. Ich sah Assistentinnen und die Arbeit, die sie tagtäglich engagiert und klaglos leisten, plötzlich mit ganz anderen Augen. Wie sich herausstellte, war Herr Sch. mit dem bisher Diktierten noch nicht zufrieden. Es fehlten ihm noch einige wichtige Details (ei, wer hätte das gedacht?), die

Führung

sich allesamt auf der absoluten Mikroebene befanden und die er mich in den bisherigen Text einarbeiten ließ.

14.15 Uhr. Der Rosenmontagszug hatte mittlerweile den Unternehmenssitz erreicht. »Die Karawane zieht weiter, der Sultan hätt Doosch!« Ich hoffte inständig, dass dieser Kelch bald an mir vorbeiziehen würde. Statt nach Schierling dürstete es mich nach einem Bier. Den Karnevalszug hatte ich für mich bereits zähneknirschend abgehakt.

14.40 Uhr. Herr Sch. war nach dem erneuten Vorlesen der »Extended Version« mit sich und seinem Text offensichtlich zufrieden. Ich nicht. Denn erstens waren immer noch nicht alle meine Fragen beantwortet und zweitens hatte ich den Rosenmontagszug verpasst. Und mit ihm das Treffen mit meinen Kindern und Freunden. In weiter Ferne meinte ich zu hören, wie eine der Karnevalskapellen »Auf die Bäume, ihr Affen, der Wald wird gefegt« spielte. *Wie passend*, dachte ich noch.

Irgendwann gegen 15.10 Uhr beendete Herr Sch. die Besprechung, die eigentlich keine war, weil ja er derjenige war, der fast ausschließlich gesprochen hatte und ich kaum zu Wort gekommen bin. Den Spaß, den ich anfänglich bei der Arbeit hinsichtlich des neuen Geschäftsfelds hatte, und die Begeisterung, mit der ich in der Anfangsphase die mir übertragenen Aufgaben angegangen war, hatte ich innerhalb dieses einen Meetings verloren. Dem Mikromanagement sei Dank.

Im Geiste machte ich mir eine Aktennotiz: sofern möglich keine Besprechungstermine mehr am Rosenmontag oder an Tagen mit privaten Vorhaben.

> **»Handfest zusammengefasst«**
> Besser delegieren als im Mikrobereich managen!
> 1. Versuchen Sie nicht, als Führungskraft der beste Sachbearbeiter zu sein. Das ist nicht Ihre Aufgabe! Überlassen Sie die Sachbearbeitung den zuständigen Mitarbeitern in Ihrem Team.

2. Vergessen Sie als Führungskraft nicht das Zuhören. Haben Sie immer ein offenes Ohr für die betrieblichen und projektbezogenen Fragen und Probleme Ihrer Mitarbeiter. Helfen Sie Ihrem Team mit konkreten Antworten, Vorschlägen und/oder Entscheidungen.
3. Motivieren Sie Ihre Mitarbeiter, indem Sie Ihnen die Möglichkeit geben, eigene Vorschläge und Lösungen zu erarbeiten. Auf dieser Grundlage können Sie dann Ihre Entscheidungen treffen.
4. Als Führungskraft fällt es in Ihren Aufgabenbereich, Unterstützung zu geben und bei Risiken entsprechende Entscheidungen zu treffen – aber nur so weit wie nötig!
5. Versuchen Sie nicht, alles selber zu machen, sondern delegieren Sie Teilaufgaben an Ihre Mitarbeiter. Denn dafür haben Sie Ihr Team!
6. Menschen machen Fehler. Das gilt sowohl für Ihre Mitarbeiter als auch für Sie selbst. Aber das ist kein Weltuntergang. Deshalb gibt es keinen Grund, Aufgaben nicht an Ihre Untergebenen zu delegieren und stattdessen alles selber machen zu wollen.
7. Aufgaben zu delegieren bedeutet, Mitarbeiterinnen und Mitarbeiter zu entwickeln, ihnen einen Vorschuss an Vertrauen einzuräumen, Verantwortung abzugeben und auch auf Fehler vorbereitet zu sein.

Welche Fallen sich beim Delegieren auftun können und wie sie sich vermeiden lassen, zeigt das folgende Kapitel.

2.4 Richtig Delegieren

»Meine Präsentation, deine Präsentation und die Folgen ...«

Aufgaben zu delegieren, entlastet nicht nur die Führungskraft, sondern stellt auch einen Vertrauensvorschuss gegenüber den Mitarbeitern dar. Das ist förderlich für die Motivation. Es geht nicht darum, lästige Aufgaben an andere abzuschieben, nur weil ich das aufgrund des hierarchischen Status kann. Das Delegieren von Aufgaben ist ein wichtiger Aspekt der Personalentwicklung. Führungskräfte sind die ersten Personalentwickler vor Ort. Nur sie wissen, welche Kenntnisse bei ihren Mitarbeiterinnen und Mitarbeitern bereits vorhanden sind oder zur Erfüllung ihrer Aufgaben und zu ihrer Weiterentwicklung ausgebaut werden können. Durch gezielte Aufgabendelegation kann ich meine Mitarbeiterinnen und Mitarbeiter in ihren individuellen Entwicklungsschritten unterstützen. Wie schon in Kapitel 2.2 dargelegt wurde, ist – je nach Person und Situation – ein delegierender Führungsstil erforderlich.

Leider gibt es beim Thema »Delegation« immer wieder Fallen, in die sowohl Führungskräfte als auch Mitarbeiterinnen und Mitarbeiter tappen können. Die Vorteile des Delegierens werden dadurch nicht genutzt, Nachteile und Folgeschäden überwiegen.

Welche Herausforderungen beim Delegieren von Aufgaben auftreten können, wird in der folgenden Geschichte aufgezeigt, die mir eine Mitarbeiterin, Frau B., und ihr Vorgesetzter, Herr S., im Rahmen eines Teamworkshops erzählt haben.

Frau B. betreute ein eigenes Arbeitsgebiet, war aus Sicht ihres Vorgesetzten gut motiviert und beherrschte auch fachlich ihre Themen sehr gut. Die Zusammenarbeit zwischen ihr und ihrem Vorgesetzten war gut eingespielt, zumal sich beide schon lange kannten. Das änderte sich aber sehr schnell, als es zu einer Situation kam, bei der es um das Delegieren einer Aufgabe ging.

»Frau B., kommen Sie doch bitte einmal«, rief Herr S. eines Morgens über den Gang. Sein Büro befand sich am Anfang eines langen Korridors, der Arbeitsplatz von Frau B. an dessen Ende, circa fünfzehn Meter entfernt.

»Kann er nicht persönlich kommen?«, fragte Frau B. sichtlich genervt ihre Kollegin, die ihr gegenübersaß. »Ich habe ihm schon so oft gesagt, dass ich das nicht möchte. Wir sind doch nicht auf einer Großbaustelle, auf der laut geschrien werden muss. Was er nun wieder will.«

Frau B. ging, noch immer etwas verstimmt, zum Büro ihres Vorgesetzten.

»Schön, dass Sie so schnell kommen konnten«, begrüßte Herr S. sie.

Frau B. verdrehte die Augen.

»Morgen früh um zehn Uhr muss ich bei der Geschäftsleitung eine Präsentation über die letzten Umsatzzahlen Ihres Themenbereichs abgeben. Sie wissen schon. So wie sich die Geschäftsführung das immer wünscht. Sie haben doch alle Zahlen. Bitte stellen Sie doch mal eben die Infos zusammen und geben Sie sie mir. Vielleicht bis heute Nachmittag? Danke!«

Richtig Delegieren 2

Das Wort »Danke« klang für Frau B. wie ein kleiner Hohngesang.

Aha, dachte sie. Das ist es also. Er muss Zahlen liefern, hat aber keine Lust, das selber zu tun. Wahrscheinlich hält er diese Arbeit nicht für standesgemäß. Das sollen dann seine Mitarbeiterinnen und Mitarbeiter, sein Fußvolk, übernehmen. Er hat die Zahlen genauso vorliegen wie ich. Warum fertigt er die Präsentation denn nicht selber an? Er will sie doch auch präsentieren. Wahrscheinlich sogar voller Stolz, denn die Zahlen sind gut. Frau B. ging zurück an ihren Arbeitsplatz und begann mit »ihrer« Präsentation der Zahlen.

Herr S. hatte den Eindruck, dass mit Frau B. heute irgendetwas nicht stimmte. *Sie wirkte nicht besonders begeistert, als sie in mein Büro kam,* überlegte er. *Schon bei der Begrüßung hat sie die Augen so komisch verdreht. Und als ich die Aufgabe, die Präsentation anzufertigen, an sie delegiert habe, schien sie regelrecht genervt zu sein. Seltsam! Was sie nun wieder hat?*

Kurz vor der Mittagspause ging Frau B. wieder zu Herrn S. und legte ihm die gewünschte Präsentation vor. Genau genommen legte sie sie ihm nicht vor, sondern warf sie schwungvoll auf seinen Schreibtisch.

»Super! Toll, dass Sie das so schnell erledigt haben, Frau B.«, reagierte Herr S. auf die Aufstellung der Zahlen seiner Mitarbeiterin.

»Seine Mimik passte aber nicht zu seiner scheinbaren Begeisterung«, berichtete mir Frau B. später. »Das war nicht stimmig und deshalb wunderte es mich auch nicht sonderlich, als er mir im nächsten Atemzug auftrug, die Präsentation um weitere Zahlen zu ergänzen, das Ganze etwas anders anzuordnen und die gesamte Präsentation noch etwas aufzuhübschen. Ich wüsste ja schließlich, wie die Geschäftsführung es erwartet. Die korrigierte Präsentation sollte ich ihm – natürlich – noch am selben Tag geben.« Frau B. war bedient. *Kann er nicht vorher sagen, was er genau erwartet? Okay, dann kriegt er eben noch seine weiteren Zahlen und das Ganze noch in „hübsch".*

Soweit die Sichtweise von Frau B. Doch wie hat ihr Vorgesetzter die Situation empfunden?

»Als Frau B. mit der Präsentation in mein Büro kam, war ich zunächst wirklich erfreut, dass sie sie so schnell angefertigt hatte. *Wirklich toll*, dachte ich mir. Als ich aber einen ersten Blick darauf werfen konnte, war mir klar, dass die Umsetzung überhaupt nicht meinen Vorstellungen entsprach. Diese Präsentation konnte ich unmöglich an die Geschäftsführung weiterleiten. *Das muss sie doch auch sehen*, dachte ich mir. *Dass noch etwas zu ändern ist, muss ich ihr aber vorsichtig beibringen. Ich will sie ja nicht demotivieren.*«

»Haben Sie ihr denn klar gesagt, was Ihre Erwartungen sind?«, fragte ich Herrn S.

»Das muss sie doch selbst wissen«, erwiderte Herr S. schnell. »Sie ist doch lange genug dabei, und wenn ich alles im Detail »vorbeten« soll, kann ich es auch selber machen.«

Um 17.00 Uhr ging Frau B. wieder ins Büro ihres Vorgesetzten, um ihm die überarbeitete Version der Präsentation zu übergeben. »Hier ist Ihre Präsentation«, sagte sie in schroffem Ton. »Ich mache jetzt Feierabend.« Sie drehte sich um und ging.

»Vielen Dank, super, klasse«, rief Herr S. ihr noch hinterher. Beim Blick auf die Präsentation verdrehte jetzt er die Augen. *Das ist es immer noch nicht*, dachte er verärgert. *Jetzt muss ich es eben doch selber machen.* Er legte die Präsentation auf den Stapel der heute noch zu erledigenden Arbeiten, der ohnehin schon beachtlich hoch war.

»Um 22.00 Uhr habe ich mich dann mit dieser blöden Präsentation befasst. Ich habe sie angepasst und so überarbeitet, dass sie den Anforderungen der Geschäftsführung genügte. Zum Glück hatte ich auch alle Zahlen. Ich habe mich ziemlich geärgert«, erzählte Herr S. später.

»Worüber haben Sie sich denn so geärgert«, fragte ich ihn.

»Na ja, eigentlich über Frau B, vielleicht auch über mich selber.«

Nun waren beide, Frau B. und Herr S., übereinander verärgert. Und das aufgrund der Delegation einer Aufgabe? Die Geschichte ging aber noch weiter.

Richtig Delegieren 2

Oft kann es in Unternehmen passieren, dass dringende Unterlagen – oder Präsentationen wie in diesem Fall – plötzlich nicht mehr so wichtig und dringend sind. Dies war auch bei der Präsentation von Frau B. beziehungsweise von Herrn S. der Fall. Das Gespräch mit der Geschäftsleitung über die Präsentation dauerte ganze fünf Minuten. Herr S. war zufrieden, dass es keine kritischen Rückmeldungen gab, und ging gut gelaunt zurück in seine Abteilung und geradewegs zum Schreibtisch von Frau B.

»Hallo Frau B. Ich komme gerade vom Gespräch mit der Geschäftsführung. Ihre (!) Präsentation hat gepasst. Wir haben zwar nicht viel darüber gesprochen, aber es ist alles in Ordnung. Bitte heften Sie Ihre (!) Präsentation in der entsprechenden Akte ab.«

Als Frau B. mir von dem Auftritt ihres Vorgesetzten erzählte, ahnte ich, dass sich ihr Frust und Zorn nun entladen würde.

»So eine Unverschämtheit! Meine Präsentation! Er redet von meiner Präsentation! Zunächst kann er mir nicht erklären, was er eigentlich genau von mir will. Dann mache ich es ihm wohl nicht recht. Wie denn auch, wenn er nicht klar ausdrücken kann, was seine Erwartungen an eine Präsentation für die Geschäftsführung sind. Letztlich erstellt er die Präsentation selber, weil ich es wohl nicht kann, und »verkauft« mir diese als meine, die ich dann abheften darf. Eine Frechheit ist das!«

»Meine Reaktion auf diese Aktion war, dass ich mich gerne vor weiteren Aufgaben, die an mich delegiert werden sollten, gedrückt habe. Das war auch recht erfolgreich«, erzählte Frau B. leicht patzig. »Ich habe einfache Erklärungen gefunden, warum ich die eine oder andere Aufgabe nicht übernehmen konnte. Die hat dann mein Vorgesetzter selber erledigt. Warum auch nicht? Schließlich bekommt er ein viel höheres Gehalt als ich.«

Herrn S. war natürlich aufgefallen, dass Frau B. etwas »verstimmt« schien. Er konnte sich das aber nicht erklären, denn ihm war nicht bewusst, was er damit angerichtet hatte, als er seine (!) Präsentation an Frau B. zurückgab.

Beim nächsten Mitarbeitergespräch kam das Thema dann auf den Tisch. Frau B. traute sich, das Thema »Delegation von Aufgaben« anzusprechen, ihrem Ärger Luft zu machen und ihre aufgekommene Demotivation darzulegen.

Die geschilderte Situation zeigt, was passieren kann, wenn eine Aufgabe – in bester Absicht – delegiert wird, das Delegieren aber nicht korrekt durchgeführt wird. Dabei gehen die Vorteile des Delegierens schnell verloren und die Nachteile und Risiken überwiegen.

Welche Vorteile bringt das Delegieren nun aber genau mit sich und welche Nachteile muss ich gegebenenfalls in Kauf nehmen? Wie kann ich die Nachteile durch die Vorteile aufwiegen und wie delegiere ich richtig?

Wie bereits zu Beginn erwähnt wurde, bringt Delegation zunächst Entlastung für die Führungskräfte. Das ist sicherlich ein Vorteil. In der heutigen Zeit befinden sich Führungskräfte dauerhaft in einem Spannungsfeld. Sie müssen ihre eigenen, operativen Tätigkeiten im Rahmen ihrer Aufgabengebiete erledigen. Hinzu kommen oft Sonderaufgaben, die plötzlich und unerwartet auf dem Schreibtisch landen. Diese Aufgaben kommen zumeist »von oben«, also vom nächsthöheren Vorgesetzten. Selbstverständlich haben diese Aufgaben immer Priorität. Es kommt hierbei schon zu ersten Überlagerungen. Zu den operativen Standardaufgaben, die mich üblicherweise bereits komplett auslasten, kommen Sonderthemen hinzu. Besonders in Zeiten von Veränderungen sind die Fülle an Aufgaben und die Geschwindigkeit, mit der sie zu erledigen sind, extrem herausfordernd. Wenn dann noch Personal- beziehungsweise Führungsthemen hinzukommen, entsteht eine Dreifachüberlagerung. Standardaufgaben, Sonderthemen und auch noch Führung sollen gleichzeitig gut funktionieren. Das ist leider kaum zu schaffen. Führung kommt dabei zu kurz. Das ist mit ein Grund dafür, dass in vielen Unternehmen nicht geführt wird. Selbstverständlich kennen die Führungskräfte alle Führungswerkzeuge. Führung findet aber oft deshalb nicht statt, weil einfach keine Zeit dafür bleibt. Führung hat in solchen Fällen keine Priorität. Welche Auswirkungen das haben kann, wurde bereits an anderen Stellen geschildert.

Wenn ich mich als Führungskraft von Aufgaben trennen kann und diese delegiere, schaffe ich mir mehr Zeit für die wesentlichen, prioritären Themen.

Hierzu gehört auch – und wie ich finde in besonderem Maße – die Führung meiner Mitarbeiterinnen und Mitarbeiter.

Durch wirksame Delegation können vorhandene Fähigkeiten, Kenntnisse und Erfahrungen genutzt werden. Oftmals verkümmern diese Kompetenzen, weil sie nicht abgerufen werden oder weil Führungskräfte sich darauf nicht verlassen möchten. Hierdurch geht enormes Potenzial an Qualität und teilweise auch an Kreativität verloren. Arbeitsergebnisse ließen sich oft verbessern.

Wenn ich als Führungskraft meine Mitarbeiterinnen und Mitarbeiter zielgerichtet weiterentwickeln möchte – was zu den Aufgaben einer Führungskraft gehört – kann ich diesen Prozess durch die konstruktive Delegation anspruchsvoller Aufgaben unterstützen und fördern. Durch den Vertrauensvorschuss entsteht zusätzlich Motivation.

»Der Chef, die Chefin traut mir das zu und ich kann mich weiterentwickeln«, ist eine typische ausgesprochene oder zumindest gedachte Reaktion. Selbstverständlich setzt das auch eine konstruktive Fehlerkultur voraus. Wenn eine Zusammenarbeit allerdings durch Angst vor Fehlern geprägt ist, kann ich keine hohe Bereitschaft erwarten, delegierte Aufgaben mit viel Schwung und Elan anzugehen.

Als ein Argument gegen das Delegieren von Aufgaben höre ich häufig: »Es kostet so viel Zeit, bis ich alles erklärt habe und die Aufgabe auch verstanden wurde. In der Hälfte der Zeit habe ich das selber erledigt. Dann ist das Ergebnis auch genau so, wie ich es haben möchte. Außerdem trage ich die Verantwortung.«

Das stimmt natürlich. Es ist aber wenig sinnvoll, eine »Return-on-invest-Kalkulation« aufzustellen, wie es einmal ein Seminarteilnehmer vorschlug. Delegation bedeutet eben auch eine sinnvolle Investition in die Entwicklung und Zufriedenheit meiner Mitarbeiterinnen und Mitarbeiter. Gleichzeitig »spare« ich schon bei der nächsten gleichen oder ähnlichen Aufgabe den Erklärungsaufwand und kann sofort eine Arbeitsentlastung genießen.

Führung

Vorsicht ist geboten, wenn Aufgaben zurückdelegiert werden. In manchen Fällen erhalten Vorgesetzte die delegierten Aufgaben mit dem Kommentar »Ich habe es versucht, aber leider nicht geschafft.« zurück. Auch aufgrund schlechter Qualität neigen manche Führungskräfte dazu, den delegierten Auftrag wieder zurückzunehmen. »Dann mache ich es besser selber!« Das sollte unbedingt vermieden werden. Ich helfe damit weder der Mitarbeiterin oder dem Mitarbeiter in seiner Weiterentwicklung noch entlastet es mich bei meinem Arbeitsvolumen. Hinzu kommt, dass manche Personen bei zukünftigen Delegationen wieder auf die Strategie der Rückdelegation zurückgreifen. »Es hat schließlich schon einmal funktioniert, Arbeit wieder loszuwerden.«

Effektiv und wirksam zu delegieren, ist kein komplexer Prozess. Die nachfolgende Struktur mit sechs Fragen soll sowohl denen, die delegieren, als auch denen, die die Aufgaben umsetzen sollen, helfen, Klarheit über die gegenseitigen Erwartungen zu erlangen.

> **Delegationsinstrument 6 Fragen**
>
> **1. Frage: Was?**
> Was genau ist die Aufgabe? Habe ich selber ein klares Bild des Auftrags? Gibt es ein klares Ziel? Die Antworten auf diese Fragen sind die Voraussetzungen dafür, dass die Aufgabe so exakt wie möglich beschrieben werden kann. Oft haben wir ein klares Bild vor Augen, wie das Ergebnis aussehen soll. Doch können wir nie sicher sein, dass die andere Person das Gleiche sieht oder einen Sachverhalt genauso versteht wie wir. In der Geschichte mit Frau B. war für ihren Vorgesetzten, Herrn S., glasklar, wie eine Präsentation für die Geschäftsführung aussehen sollte. Frau B. hatte dieses Bild aber nicht vor Augen. Hier hilft nur eine genaue Beschreibung. Um sicherzustellen, dass wirklich beide über das gleiche Bild, das heißt über die gleiche Aufgabe, sprechen, ist es empfehlenswert, sich den Auftrag vom Mitarbeiter mit dessen eigenen Worten wiederholen zu lassen. In der obigen Situation hätte das zum Beispiel so erfolgen können: »Frau B., bitte beschreiben Sie mir kurz mit Ihren Worten, wie Sie die Präsentation erstellen wollen. Ich möchte sicherstellen, dass wir das gleiche Verständnis von der Aufgabe haben.«
>
> **2. Frage: Wer?**
> Bei dieser Frage liegt der Fokus auf der infrage kommenden Person, an die ich delegieren möchte. Dabei geht es auch darum, eventuelle Schwierigkeiten im Vorfeld zu antizipieren.

Richtig Delegieren 2

Welche Mitarbeiterin, welcher Mitarbeiter soll die Aufgabe durchführen? Passt die Aufgabe zum Reifegrad der Person (siehe Kapitel 2.2)? Wird sie mit dem Auftrag über- oder unterfordert sein? Benötigt sie im Vorfeld eine Phase der Einarbeitung oder eine besondere Schulung? Wie schätze ich die derzeitige Arbeitsbelastung ein? Kann die Person eine zusätzliche Aufgabe übernehmen oder würden andere Tätigkeiten darunter leiden? Kann sich meine Mitarbeiterin oder mein Mitarbeiter bei dieser Aufgabe weiterentwickeln? Welche Einwände könnte die Person äußern?

3. Frage: Wie?

Wie genau soll die Aufgabe umgesetzt werden? Gibt es Vorlagen, an denen sich die Personen orientieren können? Bestehen formelle Vorschriften oder Erwartungen, zum Beispiel seitens eines Kunden, wie die Ausführung erfolgen soll? Möglicherweise kann ich meiner Mitarbeiterin oder meinem Mitarbeiter auch freie Hand lassen, wie die Aufgabe umgesetzt wird. Wichtig bleibt dabei natürlich die Zielerreichung.

4. Frage: Womit?

Diese Frage zielt auf die benötigten Ressourcen. Das gilt sowohl für Hard- und Software als auch für Kapazitäten und Kompetenzen. Einige exemplarische Fragen wären: Hat die Person alle notwendigen Mittel zur Verfügung? Hierbei kann es sich zum Beispiel um benötigte Zahlen, Daten, Fakten handeln. Hat die Person die Berechtigung, auf alle erforderlichen Daten zuzugreifen? Sind ausreichend Kapazitäten und Kompetenzen vorhanden oder benötigt die Mitarbeiterin oder der Mitarbeiter zusätzliche Unterstützung durch eine weitere Person?

5. Frage: Wann?

Wie sieht der Zeitrahmen aus, in der die Aufgabe zu erfüllen ist? Wann soll es losgehen? Ist dieser Zeitpunkt realistisch? Bis wann muss die Aufgabe erledigt sein? Ist auch dieser Zeitpunkt realistisch? Welche »Puffer« soll oder kann ich einbauen? In welchen Abständen möchte ich über Zwischenstände informiert werden? Diese Frage kann bei Personen mit Reifegrad 4 (siehe Kapitel 2.2) leicht zu Verwirrungen führen. Es darf nicht der Eindruck entstehen, dass ich kontrolliere, weil ich kein Vertrauen in die Leistung meines Mitarbeiters habe. Eine klare Abstimmung über »Meilensteine« im Vorfeld beugt dieser Gefahr vor. Wenn ich deutlich kommuniziere, dass ich zu bestimmten Abschnitten eine Rückmeldung über den Status einer Aufgabe benötige, weil ich zum Beispiel selber hierüber berichten muss, entstehen keine Missverständnisse. Die Gespräche können gleichzeitig für konstruktives Feedback genutzt werden. Auch das sollte im Vorfeld abgestimmt werden.

6. Frage: Warum?

Die Frage nach dem »Warum« ist besonders interessant. Hierbei geht es nicht darum, dass ich mich als Führungskraft rechtfertige, wenn ich eine Aufgabe delegieren möchte. Nicht jeder Arbeitsauftrag ist aber gleich attraktiv und wird leider nicht immer dazu dienen, Mitarbeiterinnen und Mitarbeiter in ihren Kompetenzen weiterzuentwickeln. Das gilt vor allem für Routineaufgaben, die lästig, langweilig und wenig anspruchsvoll sind. Aber auch diese Aufgaben müssen erledigt werden.

»Das schieben Sie doch nur auf mich ab, weil Sie der Chef sind und selber keine Lust haben, diese langweilige Arbeit zu übernehmen«, hörte ich einmal von einem Mitarbeiter. In einer solchen Situation sollte ich nicht versuchen, die Aufgabe schönzureden. Ich kann aber deutlich machen, warum diese vielleicht langweilige und mühsame Aufgabe trotzdem gemacht werden muss, eventuell, welchem Zweck sie dient, und vor allem, warum sie von dieser Person übernommen werden soll.

Eine Führungskraft formulierte in einer ähnlichen Situation wie folgt: »Ich weiß, dass diese Aufgabe nicht besonders spannend ist. Sie muss aber gemacht werden. Ich bitte Sie, liebe Mitarbeiterin, lieber Mitarbeiter, diese Aufgabe zu übernehmen. Sie haben gerade die Kapazität dazu frei. Ich selber kann sie leider nicht übernehmen. Beim nächsten Mal wird eine andere Person diese »lästige Pflicht« übernehmen.«

! **»Handfest zusammengefasst«**

Die Vorteile des Delegierens liegen auf der Hand: Die Führungskraft wird von Aufgaben entlastet. Sie hat dadurch mehr Freiraum für wichtige Management- und Führungsaufgaben. Mitarbeiterinnen und Mitarbeitern wird Vertrauen entgegengebracht. Sie werden durch die Übernahme anderer, neuer Aufgaben in ihren Kompetenzen weiterentwickelt. Wirksame Delegation wirkt sich in Verbindung mit neuen Herausforderungen stark motivierend aus.

Voraussetzung für wirksames und effektives Delegieren ist, dass die Person, die delegiert, es aus Überzeugung tut und sich aller damit verbundenen Notwendigkeiten und Konsequenzen bewusst ist. Hierzu gehört die Bereitschaft, Zeit zu investieren. Die delegierende Person muss außerdem dazu bereit sein, den Mitarbeiterinnen und Mitarbeitern zu vertrauen und sie nicht unzureichend zu kontrollieren. Das setzt auch voraus, dass die entsprechende Person dazu bereit ist, Fehler zu akzeptieren.

Führungsaufgaben oder Führungsverantwortung können nicht delegiert werden!

Die folgenden Fragen im Vorfeld zu klären, trägt entscheidend dazu bei, dass Delegationen effektiv und wirksam verlaufen.

Was?	Genaue Aufgabe? Ziel? Gleiches Verständnis von der Aufgabe?
Wer?	Welche Mitarbeiterin, welcher Mitarbeiter? Welcher Reifegrad?
Wie?	Wie soll die Umsetzung erfolgen? Vorschriften? Richtlinien? Muster?
Womit?	Welche Ressourcen? Welche Hilfsmittel? Welche Daten, Fakten?
Wann?	Start und Abschluss der Aufgaben? Meilensteine?
Warum?	Welcher Zweck? Wer beim nächsten Mal?

2.5 Motivation: realistisch und wirkungsvoll!

»Frau Meyer, bitte auf die Bühne ...« – wenn gut gemeintes Lob doch nicht funktioniert

»Chef, wenn ich doch nur motiviert wäre!« Mit dieser ungewöhnlichen, aber ernst gemeinten Ansprache wurde ich eines Morgens erwartungsvoll von einem Mitarbeiter begrüßt. Da war es wieder, dieses große Wort Motivation und die große Erwartung, die daran geknüpft ist. Ich kam stark ins Grübeln. Was mache ich mit dieser Aussage und was mache ich mit diesem Mitarbeiter? Leider hatte ich keine große Schatzkiste unter meinem Schreibtisch stehen, aus der sich der Mitarbeiter hätte bedienen können.

»Greifen Sie zu, bis Sie motiviert sind«, hätte ich sonst vielleicht gesagt. Aber die wenigsten Vorgesetzten haben dieses »Motivationstool«, unabhängig von der Frage, ob es überhaupt wirken würde.

Was kann ich also realistisch tun und welchen Beitrag kann vielleicht auch der Mitarbeiter leisten? Genau diese Fragen habe ich mir selbst und schließlich auch meinem Mitarbeiter gestellt. »Womit kann ich Sie denn motivieren?«, fragte ich ihn.

Erstaunt blickte er mich an. Die Fragezeichen auf seiner Stirn waren deutlich zu erkennen. *Was will der Chef von mir?*, schien er zu denken. *Er soll mich doch nur motivieren!*

»Lassen Sie uns beide gemeinsam überlegen, welche realistischen Möglichkeiten Sie sehen und welche ich sehe«, antwortete ich auf die vielen Fragezeichen auf seiner Stirn. »In drei Tagen sprechen wir dann darüber. Einverstanden?« Mit einem mulmigen Gefühl beendete ich das Gespräch. Drei Tage bis zum nächsten Treffen. *Was motiviert meinen Mitarbeiter und was kann ich wirklich tun? Auf diese Fragen muss ich in drei Tagen eine Antwort haben.*

Wie sieht häufig die Realität aus, wenn es in Unternehmen um Motivation geht?

In bester Absicht verfallen Führungskräfte in solchen Situationen gerne in Versprechungen, um ihre Mitarbeiterinnen und Mitarbeiter zu motivieren. Nicht selten verlaufen die Gespräche dann wie folgt: »Wenn Sie sich in diesem Jahr besonders anstrengen, lieber Mitarbeiter, dann wird es bestimmt mit der Beförderung klappen. Dann wird auch das Gehalt steigen und ein dicker Bonus ist vielleicht auch noch drin!«

Obwohl die meisten Führungskräfte wissen, dass eine Beförderung nur schwer durchsetzbar und vielleicht sogar unmöglich ist, wird geflunkert und geschwärmt und alle möglichen Vorzüge und Vorteile werden in blumigen Worten und in den schönsten Farben in Aussicht gestellt. In Wirklichkeit kreuzen diese Führungskräfte hinter ihrem Rücken virtuell die Finger, um bei ihren Ausreden und Lügengeschichten nicht ertappt zu werden. *Hoffentlich ist die Mitarbeiterin oder der Mitarbeiter jetzt zufrieden und macht weiter ihre beziehungsweise seine Arbeit*, denken sie oft bewusst oder unbewusst.

Dieses Prinzip der versuchten Motivation wird auch das »Karottenprinzip« genannt. Warum Karottenprinzip? Stellen Sie sich bitte einmal einen Esel vor, auf dem ein Mann sitzt. Der Mann hat eine Angel in der Hand, an deren Haken eine Karotte hängt. Nun hält der Mann die Angel mit der Karotte dem Esel vor die Nase. Der Esel will die Karotte fressen und wird sich auf sie zu bewegen. Natürlich wird er sie nie erreichen. Also trottet er weiter, bis er irgendwann lustlos stehen bleibt. Welch schöne Parallele zur Situation in einem Unternehmen. Auch dort werden Versprechungen gemacht, in der Hoffnung, die Mitarbeiterinnen und Mitarbeiter zumindest für eine

Motivation: realistisch und wirkungsvoll! 2

gewisse Zeit zu motivieren. Im Gegensatz zum Esel merken die Mitarbeiterinnen und Mitarbeiter aber sehr schnell, wenn ihnen falsche Versprechungen gemacht oder »nicht erreichbare Karotten« hingehalten werden. Der Einsatz von Karotten scheint sich als Motivationswerkzeug also nicht anzubieten. Welche Möglichkeiten bleiben?

Es gibt eine Vielzahl von Theorien zum Thema »Motivation«, die jedoch im beruflichen Alltag häufig nur zu Verwirrung führen, weil sie viel zu unkonkret sind. Die zentrale Frage ist und bleibt: Wie schaffe ich es, meine Mitarbeiterinnen und Mitarbeiter im Rahmen meiner Möglichkeiten so zu motivieren, dass sie Ihre Aufgaben im Sinne der Firma zur vollsten Zufriedenheit erledigen, sich außerdem mit dem Unternehmen identifizieren und ihm treu bleiben? Das klingt nach einer großen Herausforderung.

Seit Jahren wird in verschieden Studien gezeigt, dass die Arbeitszufriedenheit und Motivation in deutschen Unternehmen auf einem niedrigen Niveau liegt. Der Anteil der Mitarbeiterinnen und Mitarbeiter, die »Dienst nach Vorschrift« machen oder sogar innerlich gekündigt haben, überwiegt bei Weitem die kleine Gruppe der hoch Motivierten, die sehr hohen Einsatz zeigen. Diese sind sehr stark motiviert und leisten engagiert ihre Arbeit. Auch die Fehlzeiten stehen in einer Relation zur Motivation der Belegschaft. Mitarbeiterinnen und Mitarbeiter mit hoher Motivation verzeichnen sehr viel weniger Fehltage.

Doch was können Unternehmen beziehungsweise Führungskräfte gegen Demotivation tun?

Umfragen zur Arbeitsmotivation zeigen, dass ein kollegiales Arbeitsumfeld, ein erfüllender Job, gute Führung, Entscheidungsfreiräume und ein angemessenes Gehalt wichtige Faktoren sind, durch die sich die Zufriedenheit steigern lässt. Die Höhe des Gehalts liegt im Übrigen erst an dritter Stelle der genannten Punkte. Bei den erstgenannten Faktoren können Unternehmen und ihre Führungskräfte konkret ansetzen.

Durch eine klare Kommunikation über die Erwartungen und »Spielregeln« und schlichtes Vorleben eines kollegialen Umgangs miteinander wird die Basis für ein positives Betriebsklima geschaffen. Führungskräfte sind hier besonders gefordert. Sie haben eine Vorbildfunktion und »stehen kontinuierlich auf der Bühne«. Mitarbeiterinnen und Mitarbeiter beobachten ständig – bewusst oder unbewusst – wie sich ihr Chef oder ihre Chefin selber verhält. Werden die »Spielregeln« nicht nur kommuniziert, sondern auch gelebt? Werden Teamgeist und Teamdynamik gefordert und gefördert? Interessiert sich der/die Vorgesetzte für das Team? Werden eventuelle Konflikte konstruktiv angesprochen und gelöst?

Zu einem erfüllenden Job gehört auch, dass die Mitarbeiterinnen und Mitarbeiter einen Blick für das große Ganze erhalten. Sie sollten verstehen, welchen Anteil ihre Arbeit bzw. Leistung am »*big picture*« hat.

Leider wird aber die genaue Erwartung an ihre Arbeit beziehungsweise Leistung nicht klar definiert und kommuniziert. Das klingt unglaublich. Nach meiner Erfahrung ist aber circa zwei Dritteln der Mitarbeiterinnen und Mitarbeiter nicht klar, was genau von ihnen erwartet wird. Zwar gibt es Stellenbeschreibungen für die jeweiligen Tätigkeiten, diese spiegeln aber nicht immer die genauen und aktuellen Aufgaben wider. Als Vorgesetzter muss ich daher dafür sorgen, dass den Mitarbeiterinnen und Mitarbeitern vollständig klar ist, was alles zu ihren Aufgaben gehört, was ich von ihnen genau erwarte, welche Ziele sie erreichen sollen, welche Verantwortung sie tragen und welche Entscheidungsbefugnis sie besitzen. Unklarheit in diesen Punkten führt häufig zu Demotivation und ist gleichzeitig ein »Nährboden« für Konflikte.

Zu guter Führung gehört, dass sich Führungskräfte ihrer Verantwortung bewusst sind, Mitarbeiterinnen und Mitarbeiter so einzusetzen, dass sie ihre Aufgaben erfolgreich erfüllen können. Dazu gehört auch, dass Führungskräfte die Rolle und Funktion des »Personalentwicklers vor Ort« übernehmen. Nur sie können beurteilen, welche genauen Fähigkeiten und Kenntnisse für die jeweiligen Arbeiten erforderlich sind und welche Weiterbildungsmaßnahmen sich anbieten. Wenn Mitarbeiterinnen und Mitarbeiter dadurch erfolgreich werden, sind sie ebenfalls höher motiviert.

Die drei Tage bis zu dem geplanten Gespräch mit meinem Mitarbeiter (»Wenn ich doch nur motiviert wäre!«) vergingen sehr schnell. Zur Vorbereitung auf das Gespräch hatte ich mir überlegt, ob ich all die oben beschriebenen Punkte und Kriterien für eine erfolgreiche Motivation beachtet habe. Zugegeben: Ich wurde sehr nachdenklich. Ich nahm mir also vor, meine Erwartungen bezüglich der Aufgaben, den Anteil des Mitarbeiters am »*big picture*« sowie Entwicklungsmöglichkeiten anzusprechen.

Auch mein Mitarbeiter hatte sich gut auf das Gespräch vorbereitet. Wir diskutierten über aktuelle und zukünftige Erwartungen und er präsentierte mir seine Ideen zu Weiterentwicklung, die ihn zusätzlich motivieren könnten. »Ich würde gerne mehr im Projekt A arbeiten«, sagte er. »Das Thema interessiert mich. Außerdem würde ich mich gerne weiterbilden. Ich habe eine interessante Schulung zum Thema »Projektmanagement« gefunden. Daran würde ich gerne teilnehmen und könnte diese Kenntnisse auch direkt im Projekt A anwenden.«

Ich war sehr beeindruckt von diesen konkreten Vorschlägen. Wir besprachen weitere Details auch über die Mitarbeit und unsere gegenseitigen Erwartungen und Ziele im Rahmen des Projekts A. Die Schulung zum Projektmanagement erschien mir ebenfalls hilfreich, und wir verabredeten auch dafür gemeinsam Ziele, die im Seminar möglichst erreicht werden sollten.

Mein Mitarbeiter und ich waren mit dem Ausgang des Gesprächs sehr zufrieden. Zum Abschluss gab mir mein Mitarbeiter mit einem breiten Grinsen im Gesicht noch den folgenden dezenten Hinweis: »Das war wirklich ein gutes Gespräch. Hin und wieder ein Lob vom Chef schadet aber auch nicht!«

Auf das Thema »Lob« gehen wir später noch genauer ein. Zuvor noch ein wichtiger Gedanke zum Thema »Weiterbildung«: Seminare oder Weiterbildungsmaßnahmen, die wie in der oben beschriebenen Situation abgestimmt werden, betrachte ich durchaus als einen Motivationshebel. Werden sie aber losgelöst von konkreten beruflichen Anforderungen angeboten, halte ich sie für ungeeignet. In vielen Unternehmen ist immer noch zu beobachten, dass Fortbildungen als »Belohnungsmaßnahmen« angesehen werden. Sie sollen quasi Gehaltsanpassungen, Boni oder auch ein konstruktives Lob ersetzen. Oft muss dann der kostenfreie Spanischgrundkurs herhalten, damit Führungskräfte zumindest das Gefühl haben, ihre Mitarbeiterinnen und Mitarbeiter motiviert zu haben. Die Zahl derjenigen, die den Kurs nach kurzer Zeit abbrechen, ist aber erfahrungsgemäß sehr hoch. So groß ist der Bedarf, auf Mallorca spanisch zu sprechen, dann doch nicht.

Ein weiteres Beispiel zeigt, wie mit wenig Einsatz hohe Motivation und gleichzeitig eine Identifikation mit dem Unternehmen erzielt werden kann. Im Rahmen eines Workshops zum Thema »Motivationssteigerung« berichtete ein Teilnehmer, Herr O., Folgendes: »Einer meiner Mitarbeiter, Herr K., ist den ganzen Tag mit Routineaufgaben beschäftigt. Es geht um die Abfüllung und Verpackung von Tiefkühlprodukten. Die einzige »Herausforderung« bei dieser Arbeit besteht darin, dass sich die Farbe der Produkte ändert. Wahrlich keine große Abwechslung.« Motivation und Identifikation stellten sich bei diesem Mitarbeiter aber durch eine andere Aktion ein.

»Jeden Morgen versuche ich durch die Werkshalle zu gehen und meinen Mitarbeiterinnen und Mitarbeitern zumindest kurz einen guten Morgen zu wünschen«, berichtete Herr O. weiter. »Das ist nicht immer gleich entspannt möglich, schließlich häuft sich die Arbeit auf meinem Schreibtisch.« Herr O. machte eine kurze Pause und berichtete dann weiter.

»Eines Morgens sprach ich Herrn K. an und fragte ihn nach seinem Befinden. Gedanklich war ich schon bei meinen unerledigten Arbeiten auf dem Schreibtisch, als er mir leise und vorsichtig antwortete, dass es ihm nicht so gut ginge. Ich blieb stehen und fragte Herrn K., was denn los sei, ob etwas passiert war. In gebrochenem Deutsch antwortete mir Herr K. sehr vorsichtig, fast flüsternd, dass seine Mutter sehr krank war. Er erzählte mir weiter, dass die Ärzte in seiner Heimat ihr nicht helfen konnten und er sie in der Hoffnung nach Deutschland geholt hatte, dass sie hier wieder gesund werden würde. Herrn K. war seine große Sorge um seine Mutter deutlich anzusehen. Am nächsten Morgen ging ich wieder durch die Werkshalle und sprach Herrn K. erneut an. Zum Glück hatte ich zugehört und war nicht sofort weitergegangen, dachte ich mir noch. Ich grüßte ihn, fragte ihn nach dem Gesundheitszustand seiner Mutter und ob die Ärzte bereits etwas festgestellt hatten. Auch an den Tagen danach erkundigte ich mich regelmäßig bei Herrn K., ob es seiner Mutter besser gehe.«

Motivation: realistisch und wirkungsvoll! 2

Irgendwann wurde Herrn O. dann zugetragen, dass sein Mitarbeiter, Herr K., in seinem beruflichen und auch privaten Umfeld voller Stolz von dem Interesse seines Vorgesetzten an seiner Mutter und seiner Familie erzählte.

»Ich habe einen tollen Chef«, soll er berichtet haben. »Mein Chef erkundigt sich jeden Morgen bei mir, wie es mir geht, und sogar, wie es meiner kranken Mutter geht. Das finde ich toll. Er ist an mir als Mensch interessiert und er hört zu, wenn ich von meiner Mutter erzähle. Das ist der beste Chef und das ist die beste Firma!«

Die Wertschätzung des Menschen spielt also eine große Rolle, wenn es um Motivation geht. Ein Seminarteilnehmer erwiderte darauf: »Ich kann aber doch nicht für jeden die Mutti spielen.«

Nein, darum geht es auch nicht. Neben dem berechtigten Interesse an der Leistung des Mitarbeiters sollte ich mich aber auch für ihn als Mensch interessieren. Wir haben es eben nicht nur mit Maschinen zu tun, die keine Wertschätzung benötigen, um gute Leistung bringen.

»Sorge dafür, dass deine Mitarbeiterinnen und Mitarbeiter erfolgreich sind, und lobe sie! Das ist der stärkste Motivationshebel«, sagte einmal eine sehr erfahrene Führungskraft zu mir.

Das stimmt! Lob, Anerkennung und kontinuierlichem, konstruktivem Feedback kommt bei der Führung besondere Bedeutung zu. Lob und Anerkennung für gute Leistung gibt Sicherheit und steigert die Motivation. Konstruktive Rückmeldung über eine zu korrigierende Leistung schafft Klarheit über Erwartungen und unterstützt die Weiterentwicklung, was sich wiederum positiv auf die Motivation auswirkt.

Dem wichtigen Thema »Feedback«, einem der wesentlichen Führungsinstrumente, ist ein separates Kapitel gewidmet (siehe Kapitel 2.6). Es ist zu wichtig, um es in nur einem Absatz zu behandeln. An dieser Stelle geht es vornehmlich um Lob und Anerkennung.

Lob, dieses kleine Wort mit nur drei Buchstaben. Ich habe den Eindruck, dass es in Unternehmen oft verkümmert. Dabei ist konstruktives, angemessenes Lob einer der stärksten Motivationsfaktoren. Ich habe noch niemanden getroffen, der sich darüber beklagt hätte, dass ihm zu viel Lob (wenn es denn richtig geäußert wird) nicht gut täte. Dazu ein kleines Experiment: Denken Sie einmal kurz nach, wie es sich bei Ihnen persönlich angefühlt hat, als sie zum letzten Mal richtig gelobt wurden. Hoffentlich liegt das nicht zu lange zurück. Welches Gefühl hat sich bei Ihnen eingestellt? Haben Sie auch ein wohliges, warmes Gefühl in der Bauchgegend gespürt? Hatten Sie ein dezentes Schmunzeln oder Grinsen im Gesicht? Bemerken Sie – selbst nach längerer Zeit – die motivierende Wirkung des Lobs? Ein gutes Gefühl, oder? Vielleicht notieren Sie sich Ihr letztes Lob kurz auf einem Zettel, um sich gelegentlich daran zu erinnern, selber zu loben oder um eine (hoffentlich lobenswerte) Rückmeldung zu bitten.

Loben wirkt aber nur dann extrem motivierend, wenn es richtig gemacht wird. Die folgende Geschichte von Frau Meyer zeigt, dass gut gemeintes Lob leider auch das Gegenteil bewirken kann.

Das Unternehmen, in dem Frau Meyer arbeitete, lud die gesamte Belegschaft zum Abschluss eines jeden Jahres zu einem festlichen Abendessen mit anschließender Feier ein. Diese Veranstaltung war bei allen Mitarbeiterinnen und Mitarbeitern sehr beliebt. Deshalb kamen jährlich ungefähr 1.000 Teilnehmer. Der Saal war prunkvoll geschmückt und alle Damen und Herren zeigten sich in ihrer besten Garderobe. Viele Mitarbeiterinnen ließen es sich nicht nehmen, vor der Feier noch einen Termin beim Friseur ihres Vertrauens wahrzunehmen. Die männlichen Mitarbeiter wählten ihre besten Anzüge aus, einige erschienen sogar im Smoking mit Fliege. Ein wirklich festlicher Rahmen also.

Zu Beginn der Veranstaltung berichtete der Chef des Unternehmens über das abgelaufene Geschäftsjahr, beleuchtete die aktuelle wirtschaftliche und politische Situation in den jeweiligen Märkten, gab einen Ausblick auf das kommende Geschäftsjahr mit all seinen Herausforderungen und Zielen und bedankte sich natürlich für den Einsatz der gesamten Belegschaft. Das tat er mit inniger Hingabe und detailliertem »Z.D.F-Programm«. Z.D.F. steht hierbei für Zahlen, Daten, Fakten. Sicherlich haben auch Sie solche Reden, die sich oftmals zu einer zähen, ermüdenden Tortur entwickeln, schon erleben müssen.

Motivation: realistisch und wirkungsvoll! 2

Die Belegschaft saß jeweils zu zwölft an herrlich gedeckten, runden Tischen, die versetzt im Raum standen, und hörte zu Beginn den detaillierten Ausführungen der Geschäftsleitung aufmerksam zu. Mehr und mehr stellte sich jedoch ein erstes Hungergefühl ein. Die Speisen waren in den letzten Jahren immer ein Hochgenuss gewesen. Auch die Aussicht auf köstliche Weine und gut gekühltes Bier lenkten mehr und mehr von den detaillierten Marktanalysen im Z.D.F.-Stil ab. Die meisten fragten sich schon: *Wann wird endlich das Buffet eröffnet?*

Dann aber kam die Überraschung, die Frau Meyer bis heute so in Erinnerung geblieben ist, als wäre es erst gestern geschehen.

»Stellen Sie sich vor, plötzlich verkündet mein Chef mit kräftiger Stimme und erhöhter Lautstärke vor der versammelten Belegschaft, dass er zum Abschluss seiner Rede die Gelegenheit nutzen wolle, sich an dieser Stelle ganz besonders bei mir zu bedanken«, berichtete sie mir. «Und dann bat er mich auch noch auf die Bühne!«

Frau Meyer schilderte mir weiter, dass ihr auf dem Weg zur Bühne die Knie gezittert hatten. »Ich war überhaupt nicht vorbereitet und wusste nicht, was der Chef mit mir vorhatte«, erklärte sie mir ihr Unbehagen. Beim Erzählen bekam sie ein rotes Gesicht, so unangenehm schien ihr dieses Erlebnis gewesen zu sein. Ich war sehr gespannt, zu erfahren, was mit Frau Meyer passiert war, und so erzählte sie weiter:

»Als ich auf der Bühne angekommen war, führte mich mein Chef ins Rampenlicht, stellte mich mit einer theatralischen Geste vor und begann mit einer wahren Lobeshymne auf meine Arbeit. Wort- und gestenreich ließ er sich darüber aus, dass er gar nicht wisse, was er ohne mich machen würde, und dass er ohne mich vollkommen verloren wäre«, erzählte mir Frau Meyer. »Ich sei diejenige, die tagtäglich für Ordnung in seinem Chaos sorge, seine Termine organisiere, ihm lästige Vertreter vom Hals halte und immer den richtigen Kommunikationsstil treffen würde. Selbst in Stressphasen bliebe ich immer ruhig, freundlich und hilfsbereit. Dann bat er die gesamte Belegschaft um einen großen Applaus für mich, da die Firma ohne mich heute nicht so gut dastehen würde.«

Laut Frau Meyer kam der Saal der Aufforderung zögerlich nach und applaudierte verhalten. Sie berichtete mir weiter, dass die Situation noch unangenehmer wurde, als sie die Bühne verließ und zu ihrem Platz zurückging: »Der Weg zurück zu meinem Platz war das Unangenehmste und Peinlichste, was mir je passiert ist. Ich hatte das Gefühl, wie bei einem Slalomparcour an den runden Tischen vorbei zu meinem Platz gehen zu müssen, wobei mich jeweils 24 Augenpaare verfolgten. Das Schlimmste waren aber die leisen Kommentare, die ich hörte oder mir zu hören einbildete. Meine Kolleginnen und Kollegen zischelten und tuschelten über mich:

»Warum denn die?«

»Was macht die denn anders als ich?«

»Die erledigt doch auch nur ihre Aufgaben?«

»Hat die vielleicht ein Verhältnis mit dem Chef?«

»Was will der Chef denn von der?«

»Wie peinlich, fing ich als einen weiteren Gesprächsfetzen auf, während ich zu meinem Platz zurückeilte«, erzählte Frau Meyer. »Dort empfingen mich ebenfalls merkwürdige Blicke, sodass ich mich unter der Ausrede einer plötzlich aufgetretenen Übelkeit schnell verabschiedete und nach Hause ging.«

Nachdem sie mir den gesamten Vorfall geschildert hatte, fragte mich Frau Meyer fast flehend: »Was soll ich jetzt nur tun? Ich kann doch nach diesem peinlichen Auftritt nicht mehr in der Firma bleiben!«

Was war passiert? Das sicherlich gut gemeinte Lob für Frau Meyer hat eine andere als die beabsichtigte Wirkung erzielt. Durch die öffentlich vorgetragene Laudatio des Chefs fühlte sich Frau Meyer peinlich vorgeführt. »Ich habe mich so sehr geschämt und wäre am liebsten in den Boden versunken«, erinnerte sie sich. Von einem Lob als einem effektiven Motivationsfaktor kann in diesem Fall also nicht gesprochen werden. Vielmehr führte das öffentliche Lob bei Frau Meyer zu Abwanderungsgedanken.

Was also müssen Führungskräfte beachten, damit ihr Lob und ihre Anerkennung konstruktiv sind und tatsächlich motivierend wirken?

Ein »offizielles« Lob bei besonderen Anlässen kann dazu führen, dass dieses Lob vom Mitarbeiter nicht angenommen werden kann. Im Gegenteil: Es kann – wie bei Frau Meyer – unangenehme, peinliche Gefühle hervorrufen, weil wir diese Art von Anerkennung nicht gewohnt sind. Es gibt aber durchaus Menschen, die sich durch Lob in der Öffentlichkeit erst richtig wertgeschätzt fühlen und den Applaus der Menge genießen. Daher sollten Sie genau abwägen, ob ein Lob vor Publikum oder unter vier Augen geeigneter ist. Im Zweifelsfall empfiehlt sich eher ein persönliches Lob!

Ein Lob sollte stets an konkreten Situationen festgemacht werden. Natürlich ist es schon wertvoll, wenn ich meinen Mitarbeiterinnen und Mitarbeitern die anerkennende Rückmeldung gebe, dass ich mit ihrer allgemeinen Leistung sehr zufrieden bin. Viel wirksamer ist es aber, wenn ich ganz konkret eine Situation oder eine Aktion benennen kann, in der die Mitarbeiterin oder der Mitarbeiter eine wirklich gute Leistung gezeigt hat. Den Unterschied möchte ich anhand des folgenden Beispiels verdeutlichen:

- Lob nach Variante A: »Das ist eine tolle Leistung, die Sie im Allgemeinen erbringen!«
- Lob nach Variante B: »Ihre Präsentation während der Sitzung am 5.3. im Rahmen des Projekts XY war hervorragend! Sie haben uns mit Ihren Ausführungen zu diesem Thema sehr geholfen!«

Es versteht sich von selbst, dass Lob immer aufrichtig gemeint sein muss. Aufgesetzte Lobhudeleien nach dem Motto »Ich muss mal wieder loben« fallen schnell auf und wirken eher kontraproduktiv. Konditioniertes Lob nach dem Motto »Das war gut, hätte aber auch noch besser sein können« wird zum »Rohrkrepierer« und führt indes zu Rückzug, Resignation, Widerstand und manchmal sogar zu Gegenangriffen des Mitarbeiters.

Ein konstruktives Lob sollte angemessen und nicht inflationär geäußert werden. »Toll, lieber Mitarbeiter, dass Sie heute wieder pünktlich zur Arbeit erschienen sind. Großartig!« ist sicherlich kein Anlass zu einem Lob. Selbstverständlichkeiten bleiben Selbstverständlichkeiten. Auch zu viele Superlative führen dazu, dass der Eindruck entsteht, ein Lob sei nicht ernst gemeint.

Eine wesentliche Voraussetzung für konstruktives Loben ist, dass Führungskräfte ihre Mitarbeiterinnen und Mitarbeiter in eine Lage versetzen, in der sie angemessen gelobt werden können. Offene, kontinuierliche und durchgängige Information und Kommunikation, konstruktive Kritik, Klarheit von Aufgaben, Verantwortung und Entscheidungskompetenzen und eindeutige Zielvereinbarungen – wie sie bereits oben beschrieben wurden – sind dabei grundsätzliche Voraussetzungen für angemessenes Lob und Anerkennung.

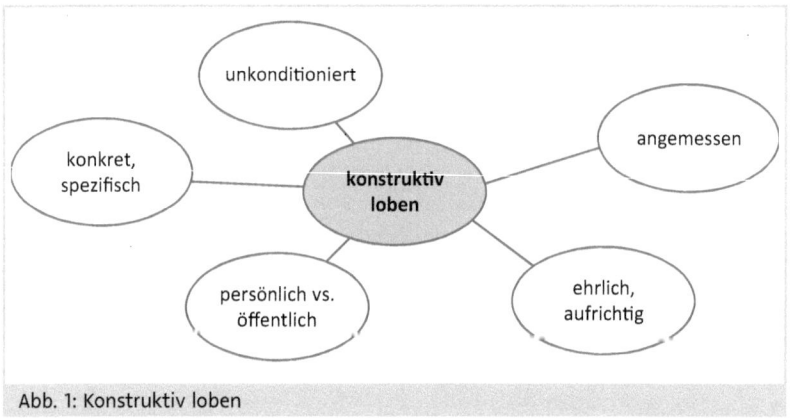

Abb. 1: Konstruktiv loben

Und wie ist es mit Frau Meyer weitergegangen?

Wie sie mir bei einer späteren Gelegenheit berichtete, hat sie sich ein Herz gefasst und das Gespräch mit Ihrem Chef gesucht. Dabei bedankte sie sich für das überschwängliche Lob. Gleichzeitig hat sie ihm aber auch geschildert, wie es ihr bei ihrem unfreiwilligen Auftritt auf der Bühne ergangen ist: »Ich wäre am liebsten im Boden versunken, so sehr habe ich mich geschämt. Wo ist das nächste Loch, in das ich mich verkriechen kann, habe ich mir gedacht. Ich weiß, dass es gut gemeint war. Wenn Sie mich beim nächsten Mal vielleicht unter vier Augen loben könnten?«

Zum Abschluss noch einige Gedanken zum Thema »Eigenlob und Selbstmotivation«.

Motivation: realistisch und wirkungsvoll! 2

»Eigenlob stinkt«, wurde mir und sicherlich vielen anderen Leserinnen und Lesern dieses Buchs durch die Erziehung mit auf den Weg gegeben. Doch was spricht dagegen, wenn Erwachsene sich selber einmal bildlich auf die Schulter klopfen und sich sagen: »Das habe ich gut gemacht«? Warum sollen wir uns eine sehr gute, außergewöhnliche Leistung nicht eingestehen? Natürlich gelten auch hierbei die Bedingungen, dass dieses Eigenlob angemessen sein sollte.

Eine richtig gute eigene Leistung kann auch Grund für ein Lob und für eine kleine, eigene Belohnung sein. Ein neues Buch, eine gute CD, vielleicht neue Schuhe oder eine gute Flasche Wein. Aber Vorsicht! Auch eigene Belohnungen sollten angemessen sein. Anderenfalls können sie sich sehr negativ auf den eigenen Kontostand auswirken!

»Handfest zusammengefasst« !

Führungskräfte sollten genau überlegen, welche realistischen Möglichkeiten sie zur Motivation ihrer Mitarbeiterinnen und Mitarbeiter haben. »Leere Versprechungen« nach dem »Karottenprinzip« mögen gut gemeint sein, bewirken aber genau das Gegenteil: Demotivation und Frustration!
Wenn Menschen erfolgreich sind, wirkt das stark motivierend! Als Führungskraft kann ich dafür sorgen, dass meine Mitarbeiterinnen und Mitarbeiter erfolgreich sind. Dafür muss ich ihnen klarmachen, was genau zu ihren Aufgaben gehört und welche Ziele sich damit verbinden. In der Rolle als »erster Personalentwickler« vor Ort muss ich sie dabei unterstützen, dass sie diese Ziele erreichen. Dabei ist konstruktives Feedback ein wesentliches Werkzeug, Rückmeldungen zur Leistung zu geben und gleichzeitig Entwicklungsmöglichkeiten aufzuzeigen.
Lob und Anerkennung wirken stark motivierend, wenn sie konstruktiv geäußert werden.
Menschen in den Unternehmen nicht nur als »Human Capital« oder »Full Time Equivalents« (FTE) zu betrachten und zu behandeln, sondern sie als Personen wertzuschätzen, fördert nicht nur die Unternehmenskultur, sondern wirkt sich auch stark motivierend auf jeden Einzelnen aus.

2.6 Konstruktives, kritisches Feedback und Mitarbeitergespräche

»Eine delikate Situation ...«

Feedback ist ein wesentliches Führungsinstrument. Es ist die Pflicht einer Führungskraft, Feedback zu geben, um den Mitarbeitern Rückmeldung über ihre Leistung bzw. über ihr Verhalten zu geben und auch Missverständnisse zu klären und auszuräumen. Feedback muss dabei verständlich und konstruktiv sein und darf nicht verletzend wirken. Es bestätigt und unterstützt positives Verhalten, kann falsches oder unpassendes Verhalten oder nicht ausreichende Ergebnisse korrigieren und trägt zusätzlich zur Klärung von Konflikten bei.

Selbstverständlich ist Feedback nichts Neues. Jeder von Ihnen gibt es (hoffentlich) und jeder von Ihnen bekommt es (hoffentlich). Feedback scheint manchmal sogar einen etwas inflationären Charakter zu haben. »Gut, dass ich dich treffe. Ich gebe dir mal eben Feedback.« In einem Unternehmen habe ich einmal beobachtet, dass Plakate im Abstand von fünf Metern an jeder Säule hingen, mit der Aufschrift: »Don´t forget feedback!« In einem Seminar fragte einmal eine Teilnehmerin ernsthaft: »Habt ihr denn heute schon »gefeedbackt«? Schrecklich!

Bitte verstehen Sie mich nicht falsch. Ich habe nichts gegen Feedback. Ganz im Gegenteil. Feedback gehört für mich zu den wichtigsten Führungsaufgaben. Es kommt aber darauf an, mit welcher Einstellung und in welcher Art und Weise ich es gebe. Immer wieder ist zu hören und zu lesen, dass sich Mitarbeiterinnen und Mitarbeiter darüber beklagen, dass sie maximal einmal im Rahmen eines Mitarbeiterjahresgesprächs Feedback bekommen, und dann auch nur in der Form, dass »eigentlich alles in Ordnung« sei. Mir hat ein ehemaliger Mitarbeiter einmal gesagt, dass er ein Recht auf Feedback habe. Recht hat er!

Führungskräfte müssen sich heute als »erster Personalentwickler vor Ort« verstehen. Nur über ein klares und differenziertes Feedback können sich Menschen weiterentwickeln, Fehler und Versäumnisse erkennen, sie abstellen und künftig vermeiden. »Nicht gegebenes Feedback ist Standard von morgen«, hat einmal ein Trainerkollege treffend formuliert. »Wie soll

Konstruktives, kritisches Feedback und Mitarbeitergespräche 2

eine Mitarbeiterin oder ein Mitarbeiter erfahren, ob sein Verhalten oder seine Leistung den Vorgaben und Vorstellungen entsprechen, wenn es ihm nicht gesagt wird?«

Doch wann und wie gebe ich Feedback und wie wirkt es konstruktiv? Wie nehme ich Feedback an? Und wie gebe ich Feedback in besonderen Situationen, wenn das Thema sehr heikel ist oder die Beziehung zwischen dem Feedbackgeber und dem Feedbacknehmer eine besondere ist? Anhand einer »wahren« Geschichte wird dieser Punkt noch genauer betrachtet werden.

In Unternehmen ist häufig ein standardisierter Feedbackprozess, zum Beispiel im Rahmen eines Mitarbeiterjahresgesprächs, anzutreffen. In diesen Gesprächen sollen die Mitarbeiterinnen und Mitarbeiter unter anderem Rückmeldungen zu ihrer Leistung und Zielerreichung erhalten. Ein gutes Instrument, diese Jahresgespräche. Vorausgesetzt, sie werden ernsthaft und professionell geführt.

»Wir müssen mal wieder ein Mitarbeitergespräch führen«, hörte ich selber einmal von einem Vorgesetzten. »Wie schnell doch das Jahr vergeht. Schon *müssen* wir wieder diesen Bogen ausfüllen und ich *muss* Ihnen ja auch noch Feedback geben.« Bei dieser Einführung zu Beginn des Gesprächs verging mir jegliche Lust auf einen konstruktiven Dialog. »Wir *müssen* mal wieder sprechen und ich *muss* Ihnen ein Feedback geben.« Eine positive Wirkung, die sich auf meine Entwicklung und Motivation auswirken sollte, habe ich nicht spüren können, obwohl das Gespräch noch gar nicht begonnen hatte.

Gesteigert wird die »Vorfreude« auf die kommenden jährlichen Feedbackgespräche zusätzlich durch solche oder ähnliche Formulierungen:

»Das Mitarbeitergespräch steht wieder an. Bereiten Sie schon einmal den Feedbackbogen vor. Ich schaue ihn mir bei Gelegenheit an und melde mich, wenn etwas geändert werden muss!«

Überboten wurde diese Aussage nur noch durch folgende »freundliche Einladung« zum Mitarbeitergespräch: »Meine Assistentin hat schon einmal den Bogen ausgefüllt. Schauen Sie sich diesen bitte an und wenden Sie sich an meine Assistentin, wenn Sie Änderungswünsche haben.«

Solche Gespräche machen natürlich keinen Sinn. Eigentlich sind es ja gar keine Gespräche. Es handelt sich vielmehr um die Abarbeitung eines verpflichtenden Prozesses. Dafür ist dann wirklich die Zeit vergeudet, die ohnehin im beruflichen Alltag knapp bemessen ist.

Wie schon gesagt: Mitarbeitergespräche mit Feedback halte ich grundsätzlich für wichtig und wertvoll. Es muss aber die richtige Grundeinstellung bei beiden Teilnehmern vorhanden sein. Feedbackgeber und Feedbacknehmer müssen solche Gespräche als sinnvolle Gelegenheit sehen, sich gegenseitig konstruktiv Rückmeldungen geben zu können. Viele Führungskräfte kritisieren allerdings, dass solche Gespräche viel Zeit kosten.

»Für Vorbereitung und Durchführung gehen so viele Stunden verloren«, klagen sie dann. Wenn diese Zeit als verlorene Zeit betrachtet wird, stimmt die Grundeinstellung nicht. Zugegeben: Um solche Gespräche konstruktiv zu führen, wird ausreichend Zeit für die Vorbereitung und die Durchführung benötigt. Dabei sind zwei bis drei Stunden pro Gespräch durchaus realistisch. Je nach Anzahl der Mitarbeiterinnen und Mitarbeiter kommen schnell einige Stunden zusammen. Ich bin aber davon überzeugt, dass sich diese Investition in Zeit bezahlt macht. Die Qualität der Leistung und der Ergebnisse kann gesteigert werden und auch die Motivation wird zusätzlich gefördert (siehe hierzu auch das Kapitel 2.5).

»Mitarbeitergespräche sollten möglichst mehrmals, mindestens vier Mal pro Jahr geführt werden!« Auf diese Konfrontation reagieren Führungskräfte oft schockiert. »Sie haben wohl vergessen, wie die Realität in Unternehmen aussieht«, entgegnen sie entrüstet. »Das lässt die Realität doch gar nicht zu. Wer erledigt denn die Arbeit, wenn wir dauernd Feedback geben sollen?«

Wenn ich dafür werbe, mehrmals im Jahr Mitarbeitergespräche zu führen, meine ich nicht, dass diese jedes Mal in der gleichen Intensität und Dauer geführt werden müssen wie vielleicht das erste Gespräch zu Beginn eines Jahres. Vielmehr bietet es sich in gewissen Abständen an, das Erstgespräch

Konstruktives, kritisches Feedback und Mitarbeitergespräche 2

zu reflektieren, um zum Beispiel über die Umsetzung von getroffenen Vereinbarungen nach einem hoffentlich konstruktiven Feedback zu sprechen. Oft reicht es aber aus, wenn Führungskräfte sich an das geführte Mitarbeitergespräch erinnern, vielleicht indem sie sich den Feedbackbogen ansehen und überlegen, ob sie Gesprächsbedarf sehen oder nicht. Viele Führungskräfte berichten im Übrigen, dass ein professionell und konstruktiv geführtes Mitarbeitergespräch zu Beginn des Jahres ein gutes Fundament darstellt, auf dem eventuell notwendige Folgegespräche in relativ kurzer Zeit geführt werden können.

Neben diesen eher verpflichtenden Rückmeldungen im Rahmen von Führungs- oder Personalentwicklungsprozessen und, um nicht auf ein umfassendes Mitarbeitergespräch im Rahmen dieser Prozesse warten zu müssen, empfiehlt sich im Alltag ein situatives Feedback. Dieses ermöglicht es Ihren Mitarbeiterinnen und Mitarbeitern, zeitnah eine Beurteilung über ihr Verhalten und Ergebnisse zu erhalten. Wann sich ein solches, auch kritisches Feedback anbietet, oder besser gesagt: notwendig wird, zeigt die folgende Geschichte, die ein Seminarteilnehmer erzählte.

»Wir waren im Rahmen eines Auftrags bei einem unserer besten Kunden zu Abstimmungsgesprächen und zur Vorbereitung einer Präsentation eingeladen. Unser Team bestand aus einem Teamleiter, zwei erfahrenen Mitarbeitern und einem jungen, noch wenig praxiserfahrenen Mitarbeiter, der frisch von der Universität kam und hohes theoretisches Wissen mitbrachte. Das war unser Teamkollege F.! F. zeigte sich besonders motiviert. Er war an den Themen interessiert und versuchte kontinuierlich, sein Wissen von der Hochschule einzubringen.«

Das klingt doch alles prima, dachte ich mir. »Was kann einem Besseres passieren, als motivierte, engagierte, junge Mitarbeiterinnen und Mitarbeiter im Team zu haben?«, fragte ich.

»Ja, das dachte ich anfangs auch«, antwortete der Seminarteilnehmer. »Bis zu dem Moment, als F. einen Alleingang startete. Sie können sich nicht vorstellen, was er in seinem Eifer angestellt hat und welches Feedback ich ihm anschließend geben musste.«

Im Seminarraum herrschte gespannte Stille. Jeder wollte wissen, was passiert war und wie der Alleingang von F. aussah.

»Stellen Sie sich vor«, erzählte der Teilnehmer weiter. »Während einer kurzen Pause, in der sich das Team außerhalb des Gebäudes die Beine vertrat, beschäftigte sich unser hoch motivierter und engagierter Kollege F. mit einer Excel-Tabelle aus dem Controlling-Bereich unseres Kunden. Scheinbar fiel ihm irgendeine Unstimmigkeit auf. Das veranlasste ihn dazu, direkt zum Leiter des Finanzbereichs zu gehen. Dort ist er wie folgt aufgetreten: »Hallo, ich bin F. Mir ist da etwas aufgefallen. Da habt ihr etwas falsch gemacht! Das habe ich an der Uni anders gelernt. Das musst *du* ändern. So geht das nicht. Das ist nicht richtig. Das weiß doch jeder im ersten Semester!«

Wir waren alle baff.

»Das hat er so gesagt? Und er hat den obersten Finanzchef geduzt?«, fragte ich.

»Ja, genau so, denn die Beschwerde des Kunden kam unverzüglich. Sie ging allerdings direkt an meinen Chef, der wiederum verlangte, dass ich unserem Kollegen F. sofort ein entsprechendes Feedback geben sollte.«

Das hätte das Ende der Karriere von F. sein können. Aber dem Seminarteilnehmer ist es gelungen, die Situation durch ein konstruktives Feedback zu lösen.

Aber wie gebe ich konstruktives Feedback?

In komplexen Gesprächssituationen bietet sich eine Struktur als Rahmen an, die einem Orientierung und Sicherheit gibt. Wenn ich eine solche Struktur verinnerlicht habe, kann ich mich ganz auf meine Inhalte und Ziele im Gespräch konzentrieren.

Für ein konstruktives Feedback bietet sich die »AAA-Struktur« an. Viele Führungskräfte – auch ich selbst und der Seminarteilnehmer aus der Geschichte oben – haben gute Erfahrungen mit dieser Struktur gemacht. Was bedeutet AAA-Struktur im Einzelnen?

2 Konstruktives, kritisches Feedback und Mitarbeitergespräche

Die Abkürzung AAA steht für:

A = Aktion beschreiben
A = Auswirkungen benennen
A = alternatives Verhalten aufzeigen

Wie kann diese Formel angewandt werden?

Beim ersten A (Aktion beschreiben) kommt es darauf an, die Situation, die ich ansprechen möchte, so konkret und spezifisch wie möglich zu beschreiben. Wenn ich Zahlen, Daten, Fakten (Z.D.F.) und konkrete Beispiele nennen kann, hilft das zusätzlich. Die möglichst genaue Beschreibung ist notwendig, weil ich den anderen, also den Feedbacknehmer, »abholen« und ihm genau beschreiben muss, welche Situation ich ansprechen möchte.

Wir müssen immer davon ausgehen, dass nicht beide Gesprächspartner das gleiche Bild von der Situation vor Augen haben. Als Feedbackgeber habe ich zwar eine glasklare Vorstellung, kann aber nicht sicher sein, dass es bei meinem Gegenüber genau so ist. Ich habe mich über die Situation vielleicht geärgert und kann mich daher gut daran erinnern. Der andere ist sich dessen unter Umständen gar nicht bewusst. Vielleicht hat er überhaupt nichts bemerkt. Damit er sich dann rückblickend in die Situation hineinversetzen kann, benötigt er eine möglichst genaue Beschreibung. Das ist umso wichtiger, wenn zwischen Feedback und der eigentlichen Situation, zum Beispiel einem Fehlverhalten, ein längerer Zeitraum liegt.

Ein wichtiger Aspekt bei der Beschreibung der Aktion: Beobachtungen oder Wahrnehmungen sind streng von Interpretationen oder Deutungen zu trennen. Werden im Feedbackgespräch eigene Interpretationen mit der Wirklichkeit gleichgesetzt, ohne der Wahrheit zu entsprechen, wirken die Rückmeldungen eher wie unberechtigte Vorwürfe, manchmal sogar wie Angriffe. Menschen reagieren auf Vorwürfe auf dreierlei Art: mit einem Gegenangriff, durch Wegducken oder durch Flucht. Konstruktiv ist dieses Feedback dann nicht mehr. Interpretationen sind grundsätzlich nicht ausgeschlossen, sollten aber als Interpretationen deutlich gemacht werden. »Ich habe beobachtet, wie du, lieber Mitarbeiter, in der letzten Teambesprechung oft auf dein Telefon geschaut hast. Ich vermute, das Thema hat dich nicht interessiert«, könnte eine typische Formulierung für eine Interpretation sein.

Beim zweiten A (Auswirkungen benennen) soll »der Groschen fallen«. Hier geht es darum, deutlich zu machen, welche Auswirkung ein beobachtetes Fehlverhalten oder eine schlechte Leistung hat oder hatte. Diese Auswirkungen können sich entweder bei verschiedenen Personen, Teams, Organisationen oder auch Prozessen zeigen.

Am Beispiel des jungen Mitarbeiters F. ergaben sich die folgenden Auswirkungen:
- Auf den Kunden: Der Kunde war über die Art und Weise, wie F. aufgetreten ist, extrem empört.
- Auf den Vorgesetzten des Seminarteilnehmers: Er erhielt eine Beschwerde vom Kunden und war ebenfalls sehr verärgert.
- Auf den Seminarteilnehmer, der von dem Fall berichtete: Er erhielt extreme Kritik von seinem Vorgesetzten, dass er seine Mitarbeiter wohl nicht führen könne.
- Auf das Team: Das gesamte Team wurde vom Kunden als unprofessionell bezeichnet.
- Möglicherweise auf F. selbst: »EDEKA«, nämlich Ende der Karriere.

An dieser Stelle des Feedbacks darf übrigens auch über Gefühle gesprochen werden. Wenn ich mich über etwas richtig geärgert habe, wenn mich etwas wütend macht oder wenn ich sehr enttäuscht oder traurig bin, kann ich das äußern. Die Auswirkungen von Fehlverhalten werden dadurch noch deutlicher ausgedrückt. »Ich habe mich sehr darüber geärgert, dass du, F., den Leiter des Rechnungswesens belehrt und dabei auch noch geduzt hast. Wir hatten im Vorfeld besprochen, wie wir mit den Kunden kommunizieren. Ich bin richtig wütend, dass du dich daran nicht gehalten hast«, äußerte zum Beispiel der Seminarteilnehmer gegenüber F. seine Emotionen.

Beim dritten A (alternatives Verhalten) wird das gewünschte oder erwartete zukünftige Verhalten so klar wie möglich formuliert. »Zukünftig wünsche ich mir …«, »zukünftig erwarte ich …«, »beim nächsten Mal bitte ich dich …«, sind hierbei typische Formulierungen. Bei F. war die Ansprache sehr klar: »Ich erwarte, dass du jeglichen direkten Kontakt mit dem Kun-

Konstruktives, kritisches Feedback und Mitarbeitergespräche 2

den im Vorfeld mit mir abstimmst. Außerdem bitte ich dich dringend, die Höflichkeitsformen zu wahren und unseren Kunden zu siezen. Ich verlasse mich darauf!« Diese Botschaft ist bei F. angekommen und er versprach, sich zukünftig entsprechend zu verhalten. Auch der Vorgesetzte des Seminarteilnehmers war nach diesem Feedback überzeugt, dass F. verstanden hatte, welches Verhalten nicht korrekt war und welche Erwartungen an sein zukünftiges Verhalten gestellt wurden. F. konnte weiter an seiner Karriere arbeiten und musste nicht gehen. Dem Feedbacknehmer wird also durch das Aufzeigen eines alternativen Verhaltens deutlich gemacht, wie er sich zukünftig besser verhalten und damit auch weiterentwickeln kann.

Diese Rückmeldung hat neben dem Aspekt der Personalentwicklung durch den Vorgesetzten auch einen emotionalen Effekt: Nachdem ein Fehlverhalten konstruktiv, aber auch kritisch angesprochen wurde, lasse ich den Empfänger meiner Botschaft nicht mit dem Problem allein, sondern zeige ihm Möglichkeiten zur Verbesserung oder Anpassung. Auch das kann positive Effekte auf seine Motivation und natürlich auf seine Weiterentwicklung haben.

Nach der zweiten Phase des Gesprächs, dem zweiten A (Auswirkungen benennen), bietet es sich an, dem Feedbacknehmer die Möglichkeit einzuräumen, seine Sichtweise der Situation zu erläutern. Möglicherweise hatte er eine andere Wahrnehmung oder möchte eine Erklärung oder Erläuterung abgeben. Das sollte nicht grundsätzlich unterbunden werden. Beim Feedback geht es ja nicht darum, Befehle zu erteilen oder zu empfangen.

Es besteht aber durchaus die Gefahr, dass der Feedbacknehmer durch seinen Standpunkt vom eigentlichen Kritikpunkt abgelenkt oder dass er das Problem verharmlost. Das ist eine durchaus nachvollziehbare Reaktion, weil wir Menschen im Allgemeinen ungern Kritik hören, die sich auf unser Verhalten oder unsere Leistung bezieht. »Das war doch nicht so schlimm« oder »Es lohnt sich doch gar nicht, sich darüber aufzuregen«, sind typische Kommentare von Feedbacknehmern.

»Die Situation war schlimm genug, sonst würde ich dieses Gespräch nicht führen«, erwidern viele Feedbackgeber dann korrekt.

Führung

Wenn es aber zu »Ablenkungsmanövern« oder »Verschleierungstaktiken« kommen sollte, bietet es sich an, die »Blümchenstrategie« anzuwenden. Bei dieser Strategie geht es darum, konsequent auf den eigentlichen Gesprächspunkt zurückzuführen und sich nicht mit anderen Themen abzulenken oder zu verzetteln.

Warum heißt die oben genannte Strategie Blümchenstrategie? Hierzu bedarf es eines kleinen Gedankenexperiments. Stellen Sie sich bitte die folgende Situation vor: Sie laden eine Mitarbeiterin oder einen Mitarbeiter zu einem Feedbackgespräch ein und möchten über eine bestimmte Situation, zum Beispiel über den Auftritt bei einem Kunden, sprechen. Sie starten dieses Gespräch dann vielleicht wie folgt: »Vielen Dank, dass wir uns heute treffen. Ich möchte mit Ihnen, liebe Mitarbeiterin, lieber Mitarbeiter, über Ihr Auftreten bei unserem Kunden XY am letzten Dienstag sprechen.«

Bitte stellen Sie sich nun gedanklich ein leeres Blatt Papier vor und malen Sie auf die Mitte des Blatts einen dicken roten Punkt. Dieser Punkt symbolisiert das Thema (in diesem Fall den Auftritt beim Kunden). Hierüber möchten Sie sprechen. Nun ist Ihrem Gesprächspartner das Thema unangenehm und er versucht, davon abzulenken und Sie zu einem anderen Thema zu verleiten: »Aber das war doch nicht so schlimm. Lassen Sie uns lieber über meine Ergebnisse des letzten Monats sprechen. Die waren doch gut, oder?«

Markieren Sie dieses Ablenkungsmanöver nun ebenfalls auf dem Blatt, indem Sie in einem kleinen Abstand zum roten Punkt einen weiteren Punkt malen. Dieser Punkt stellt die versuchte Ablenkung dar. Verbinden Sie nun den roten Punkt (Ihr Gesprächsthema) mit dem zweiten Punkt (dem Ablenkungsversuch) durch eine leicht gebogene Linie. »Nein, lieber Mitarbeiter, über diesen Punkt möchte ich jetzt nicht sprechen. Das können wir gerne in einem separaten Gespräch tun. Heute möchte ich mit Ihnen über Ihr Auftreten beim Kunden am letzten Dienstag sprechen.« Diese Aussage wird auf dem Blatt Papier dann durch eine zweite, leicht entgegengesetzt gekrümmte Linie, vom Ablenkungspunkt zurück zum roten Punkt dargestellt, sodass eine leicht ovale Form entsteht. Diese Form sollte wie ein schmales Blatt aussehen.

Konstruktives, kritisches Feedback und Mitarbeitergespräche 2

Möglicherweise folgt dann der nächste Ablenkungsversuch: »Sie sollten lieber einmal mit der Kollegin sprechen. Haben Sie einmal beobachtet, wie sie sich beim Kunden verhält?« Bitte zeichnen Sie einen weiteren Punkt für das nächste Ablenkungsmanöver, mit gleichem Abstand zum roten Punkt in der Mitte und verbinden Sie ihn wieder mit einer leicht gekrümmten Linie.

Die Punkte für die Ablenkungen sollten kreisförmig um den roten Mittelpunkt angeordnet sein. Mit Ihrer möglichen Antwort (»Nein, wir reden jetzt nicht über die Kollegin, sondern über Ihr Verhalten«) zeichnen Sie die zweite Linie zurück zum roten Punkt und ein zweites Blatt entsteht.

Beim nächsten Versuch: »Bevor wir aber über mein Verhalten bei dem Kunden sprechen, sollten wir über eine Beförderung reden«, verfahren Sie wie bei der Visualisierung der ersten beiden Punkte. Eine Antwort könnte sein: »Nein, lieber Mitarbeiter, darüber können wir gerne später sprechen. Jetzt möchte ich Ihnen aber Feedback über Ihr Verhalten geben.« Durch die Verbindung mit dem roten Punkt entsteht dann erneut ein »Blatt«.

Bei weiteren Themen, die vom eigentlichen Gesprächsanlass ablenken sollen, zeichnen sie weitere Punkte und Linien zu einer Blattform. So entsteht eine Art Blüte, mit dem roten Punkt als Blütenkern, umrahmt von Blütenblättern. Wenn Sie diese Blüte auf Ihrem Blatt Papier nun noch mit einem Stil versehen, entsteht ein »Blümchen«. Dieses Bild ist leicht zu merken und soll daran erinnern, immer wieder zum eigentlichen Thema, bildlich gesprochen zum Blütenkern, zurückzuführen.

Neben der AAA-Struktur, der Trennung von Beobachtungen und Interpretationen und der »Blümchenstrategie« sind im Rahmen eines konstruktiven Feedbacks noch die folgenden Aspekte zu berücksichtigen:
- **Eigene Urteilsfähigkeit prüfen:** Lässt meine eigene Gefühlslage es im Augenblick des Feedbacks zu, ein sachliches Gespräch zu führen, oder »koche« ich vor Wut und will nur Dampf ablassen?
- **Brauchbarkeit für den Feedbacknehmer:** Wie hilfreich können meine Rückmeldungen für eine Verhaltensänderung sein?
- **Bereitschaft beim Feedbacknehmer:** Wie ist die Gefühlslage bei meinem Gegenüber? Passen der Zeitpunkt (bitte nicht fünf Minuten vor Feierabend), der Ort und sein emotionaler Zustand?

- **Immer unter vier Augen:** Konstruktives, kritisches Feedback sollte nie in der Öffentlichkeit geäußert werden. Der Feedbacknehmer könnte sich bloßgestellt und vorgeführt fühlen und ist dadurch nicht aufnahmebereit für die Erwartungen hinsichtlich eines alternativen Handelns.
- **Möglichst zeitnah:** Damit Feedbackgeber und Feedbacknehmer die Situation möglichst präsent vor Augen haben, empfiehlt es sich, ein Gespräch so schnell wie möglich zu führen. Außerdem hilft das klärende Feedback dabei, die Beziehung zwischen beiden Personen schnell zu korrigieren. Das sollte sich auch auf die Motivation und die Qualität der Arbeit auswirken.
- **Rückmeldungen dosieren:** In einem Feedbackgespräch viele Themen auf einmal zu besprechen, die sich über die Zeit angesammelt haben, ist wenig effektiv. Besonders bei kritischen Rückmeldungen sind wir Menschen nur begrenzt aufnahmefähig. »Diese Kritik muss ich erst einmal verarbeiten«, ist oft zu hören. Es empfiehlt sich, lieber mehrere Gespräche zu führen, wenn es denn notwendig ist.
- **Klärung des Auftrags:** Welches Mandat habe ich, Feedback zu geben? Gebe ich Rückmeldung als Vorgesetzter, Kollegin oder Kollege, Mitarbeiterin oder Mitarbeiter? Mische ich mich vielleicht nur unbeteiligt ein?

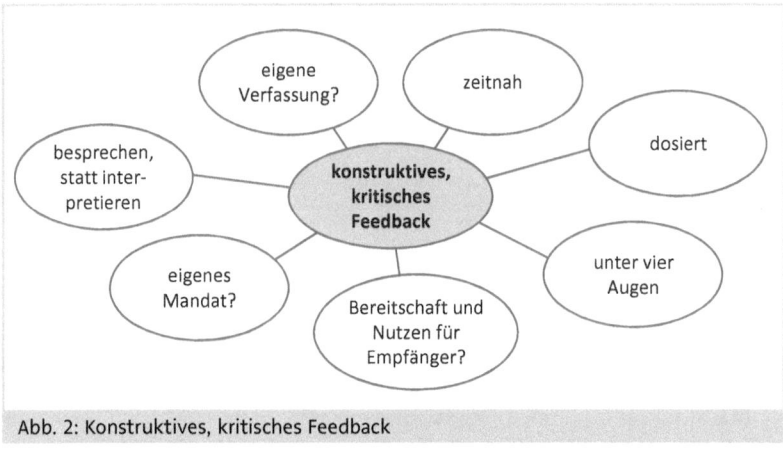

Abb. 2: Konstruktives, kritisches Feedback

Wenn die wesentlichen Grundlagen für das Geben von Feedback beachtet werden, sollte es zu einem konstruktiven und damit auch weiterführenden

Gespräch kommen. Dem Feedbackgeber helfen Struktur und Werkzeuge dabei, sich ganz auf die Inhalte des Gesprächs zu konzentrieren. Selbstverständlich bedarf es einer ausreichenden Vorbereitung auf diese Gespräche.

Nun kann es aber auch zu besonders komplexen Feedbackgesprächen kommen, bei denen der Anlass etwas »delikat« sein kann und die Konstellation zwischen Feedbackgeber und Feedbacknehmer besonders ist. Die folgende Situation zeigt, wie »heikel« manche Feedbackfälle sein können.

K., eine erfahrene Führungskraft, konfrontierte mich im Rahmen einer Diskussion über Feedback mit dem folgenden Fall: »Ich habe ein Thema, das mir seit geraumer Zeit ziemliche Kopfschmerzen bereitet. Es geht um einen Mitarbeiter, mit dem ich seit vielen Jahren befreundet bin. Ich bin der Patenonkel seines Sohnes. Unsere Frauen treffen sich regelmäßig zum gemeinsamen Shoppen. Und nun soll ich ihm eine ziemlich schwierige Rückmeldung geben. Das Problem ist, dass er seit einiger Zeit extremen Mundgeruch hat. Der riecht, als hätte er ein totes Tier verschluckt.«

Anfangs musste ich schmunzeln, als K. die Situation beschrieb. Aufgeregt und immer schneller und lauter sprechend fuhr er fort: »Es ist nicht zum Aushalten. Wenn Sie mit dem Mitarbeiter sprechen müssten, würde Ihnen speiübel. Dieser Geruch ist nicht zu beschreiben«, fuhr er fort und verdrehte dabei so stark die Augen, dass ich um seine Sehkraft fürchtete. Ich erinnerte mich an ähnliche Situationen, die ich selbst erlebt oder in diversen Gesprächen diskutiert habe.

»Was haben Sie denn bisher unternommen?«, fragte ich K. »Haben Sie das Problem schon einmal angesprochen?«

»Angesprochen? Nein, das geht doch nicht. Wir haben verschiedene Taktiken ausprobiert, in der Hoffnung, dass er das Problem selbst bemerkt.«

»Taktiken?«, fragte ich. »Welche Taktiken meinen Sie denn?« Ich hatte bereits eine Ahnung, welche Tricks er schon ausprobiert hatte.

»Wenn der Kollege in unser Büro kam, haben wir sofort alle Fenster geöffnet und uns darüber ausgelassen, wie angenehm frische, saubere Luft ist.

Des Weiteren hat das gesamte Team über die neusten technischen Entwicklungen auf dem Gebiet der elektrischen Zahnbürsten philosophiert und welch angenehm frischer Atem damit zu erreichen ist. Selbst die kleine Flasche mit Mundwasser, die wir ihm anonym per Hauspost geschickt haben, hat nicht geholfen. Jetzt verlangt mein Team von mir, dass ich als Chef die Sache endlich kläre!«

Eine wirklich heikle Situation. Vielleicht kennen Sie ähnliche Fälle oder haben von solchen gehört. Die Schwierigkeit ist, dass das Thema »Mund- oder Körpergeruch« stark auf der persönlichen Ebene liegt. Um die Person nicht zu verletzen oder zu kränken, ist es sehr wichtig, die passenden Worte zu finden. Hierfür gibt es sicher kein Patenrezept. Darauf zu hoffen, dass sich das Problem durch eine Diskussion über den aktuellen Stand der Forschung zum Thema »Mundhygiene« löst, ist selten erfolgversprechend. Das Thema muss also auf den Tisch! Dabei ist es wichtig, bereits beim Einstieg in das Gespräch den richtigen Ton zu treffen. Die Situation und das Thema sind sehr unangenehm. Sprechen Sie Ihre Gefühle an. Machen Sie aus Ihrem Herzen keine Mördergrube!

K. hatte für sich die folgende Formulierung gewählt: »Lieber Kollege, ich möchte heute mit dir über ein Thema sprechen, das mir sehr unangenehm ist. Ich befürchte, dass es dir damit genauso geht. Ich habe auch Sorge, ob unser Verhältnis nach unserem Gespräch noch genauso gut ist, wie vorher. Aber als dein Freund muss ich dir das sagen. Und als dein Chef ebenfalls. Ich würde sonst meinen Job nicht richtig machen.« So hat K. dieses heikle Gespräch begonnen. In sehr ruhigem Ton sprach er ihn dann auf seinen Mundgeruch und die Auswirkungen auf sein Umfeld an. K. berichtete später, dass sein Mitarbeiter durchaus betroffen war und sich in der ersten Zeit nach dem Gespräch sehr zurückhaltend verhielt. Die Beziehung zwischen beiden Personen hat darunter aber nicht gelitten.

> **!** **»Handfest zusammengefasst«**
> Konstruktives Feedback gehört zu den wesentlichen Führungsaufgaben. Mitarbeiterinnen und Mitarbeiter haben ein Recht auf Feedback.
> Nicht gegebenes Feedback ist der Standard von Morgen. Das heißt: Fehlverhalten, das nicht angesprochen wird, kann zum Standard werden!

Wie kann ich erkennen, ob meine Leistung den Erwartungen und Anforderungen entspricht, wenn ich keine Rückmeldung erhalte?
Feedback sollte nicht nur einmal im Jahr im Rahmen von Jahresgesprächen, sondern kontinuierlich und situativ gegeben werden.
Feedback muss konstruktiv sein. Der Feedbacknehmer muss mit den Rückmeldungen etwas anfangen können.
Es sollte zeitnah, dosiert und unbedingt unter vier Augen geführt werden.
Die AAA-Formel (Aktion beschreiben, Auswirkungen benennen, alternatives Verhalten aufzeigen) hilft, Feedbackgespräche zu strukturieren.
Im Feedbackgespräch sind Beobachtungen von Interpretationen deutlich zu trennen.
Auch heikle Feedbackgespräche müssen geführt werden. Dabei kann ich meine eigenen Gefühle und Vorbehalte offen darlegen.
Machen Sie aus Ihrem Herzen keine Mördergrube!

2.7 Kommunikation und Konflikte

»Wenn Kommunikation unter die Gürtellinie geht«

Im beruflichen Alltag kann es immer wieder zu Situationen kommen, in denen es hektisch zugeht. Da fällt auch schon einmal das eine oder andere Wort, das bestimmt nicht so gemeint war, wie es angekommen ist. Manche Äußerungen werden dann auch noch durch die kommunikativen Wirkfaktoren (siehe Kapitel 1.2) verstärkt. Die Lautstärke wird angehoben, Mimik und Gestik drücken Unmut oder Verärgerung aus. Dadurch entstehen schnell Konflikte.

Was aber passiert, wenn Kommunikation tatsächlich unterhalb der Gürtellinie landet? Wie reagieren wir Menschen darauf und welche Auswirkungen hat das auf die Qualität der Beziehung zwischen zwei Menschen, sowohl privat als auch im beruflichen Kontext?

Die folgende wahre Situation zeigt, welche fatalen Auswirkungen verbale Angriffe haben, auch wenn sie gar nicht so gemeint waren.

Als junger, noch unerfahrener Mitarbeiter in einem Unternehmen erhielt ich eines Tages einen Anruf der Assistentin des obersten Chefs. »Bitte komm einmal nach oben. Der Chef möchte etwas mit dir etwas besprechen.«

Was will der denn von mir?, fragte ich mich. *Kennt der mich denn überhaupt?* Ich arbeitete gerne im Bereich dieses Chefs, fand die Arbeitsgebiete sehr spannend, die Kolleginnen, Kollegen und Vorgesetzten sehr angenehm und die Themen waren mir vertraut.

»Hier würde ich gerne Karriere machen«, sagte ich einmal im Scherz zu einem meiner Kollegen. Und nun der Anruf vom obersten Chef.

Das ist eine riesige Chance, dachte ich mir. *Jetzt kann ich zeigen, was ich draufhabe.* Hoch motiviert, aber mit zittrigen Knien und feuchten Händen ging ich also zum Chef. In seinem Büro und um seinen riesigen Schreibtisch herum tummelten sich mehrere Leute, die hektisch mit ihm diskutierten. Er sah mich, blickte kurz zu mir auf, nuschelte schnell und ziemlich undeutlich:

»Gut, dass Sie kommen. Ich brauche hierzu bis morgen früh um neun Uhr ein Konzept«, sagte er (zumindest verstand ich ihn so) und übergab mir ein Blatt Papier, auf dem auf den ersten Blick lediglich zwei Zeilen zu sehen waren. Umgehend wandte er sich wieder den anderen Personen zu und beteiligte sich weiter an der hektischen Diskussion. Ich murmelte vorsichtig »vielen Dank« und kehrte verschüchtert zu meinem Arbeitsplatz zurück. Die Delegation der Aufgabe an mich war natürlich in keiner Weise klar und hilfreich (zum wichtigen Thema »Delegieren« siehe Kapitel 2.4).

An meinem Arbeitsplatz schaute ich mir das Papier einmal genauer an und kam ins Grübeln. *Was erwartet der Chef wohl genau von mir?*, fragte ich mich. Mit den zwei Zeilen, die er mir aufgeschrieben hatte, konnte ich nur wenig anfangen. Aber ich wollte ja Karriere machen und zeigen, was ich alles kann. Also habe ich mich an die Arbeit gemacht.

Schnell verging der Arbeitstag und zum Feierabend hatte ich leider immer noch keine Idee, wie das Konzept aussehen könnte, das der Chef von mir am nächsten Morgen erwartete. Immer noch motiviert beschloss ich, zu Hause an dem Konzept weiterzuarbeiten. Das tat ich dann auch.

Es wurde später Abend, dann sehr später Abend, dann wurde es Nacht, tiefe Nacht und schließlich früher Morgen. Dann endlich hatte ich ein Kon-

Kommunikation und Konflikte 2

zept verfasst, von dem ich überzeugt war, dass es den Vorstellungen des Chefs entsprechen würde.

Ich bin schnell unter die Dusche, habe meinen besten Anzug mit Hemd und Krawatte angezogen und bin ins Büro gefahren, um pünktlich bei meinem Chef zu sein. *Bestimmt wird er von meinem Konzept sehr angetan sein*, dachte ich mir auf dem Weg zu seinem Büro. *Die Mühe und die schlaflose Nacht haben sich sicher gelohnt.*

Stolz betrat ich das Büro meines Chefs und ging zu seinem Schreibtisch. Er wurde wiederum von mehreren Personen umlagert. Auch jetzt wurde wieder laut und hektisch konferiert. Vorsichtig, mit langsamen Schritten, ging ich auf ihn zu. Das Papier in der Hand und mit ausgestrecktem Arm, leicht zitternd, wollte ich mein Werk überreichen.

»Sie hatten mich gebeten Ihnen ein Konzept …« Weiter kam ich nicht. Auf eine Entfernung von zwei Metern, ohne das Konzept in die Hand zu nehmen, knurrte mein Chef nur abfällig: »Was ist denn das für ein Schwachsinn!«

In diesem Moment schien alles totenstill zu sein. Ich hatte das Gefühl, dass mich alle anwesenden Personen anstarrten.

»Was ist denn das für ein Schwachsinn!« Mehr sagte er nicht und wendete sich wieder den anderen Personen zu. Diese Worte klangen wie ein Donnerschlag und fühlten sich gleichzeitig an wie ein derber Fausthieb, den ein Profiboxer im Schwergewicht nicht besser anbringen könnte. Das war ein kommunikativer Tiefschlag. Der Schlag ging in die Magengrube. Der Angriff saß! Ein Ringrichter im Boxkampf hätte mich jetzt angezählt. Ich hatte mir so viel Mühe gegeben, die Nacht durchgearbeitet und dann ein solcher Kommentar. Das tat weh! Und alle anderen Anwesenden hatten das auch gehört. *Was müssen die über mich denken?*

Stumm ging ich zurück an meinen Arbeitsplatz. *Das war es dann wohl mit der Karriere. Bevor sie begonnen hat, ist sie schon zu Ende.* Diese Gedanken schossen mir durch den Kopf. *Hier kann ich nicht bleiben. Alle Anwesenden müssen doch denken, ich kann überhaupt nichts. Vom Chef werde ich wohl nie mehr eine Aufgabe bekommen. Außerdem ist es unverschämt, wenn er so mit mir redet, ohne genau zu sagen, was wer will.*

Jegliche Motivation war dahin. Mein gesamter Ehrgeiz wurde durch sieben Worte zerstört. »Was ist denn das für ein Schwachsinn!« Eine weitere Zusammenarbeit erschien mir nicht mehr möglich.

Warum hat die Reaktion des Chefs eine solche Wirkung bei mir erzielt? Warum konnte ich über diese unqualifizierte Rückmeldung nicht locker hinwegsehen? Er hatte das Konzept noch nicht einmal gelesen. Was passiert mit uns, wenn wir uns derart angegriffen fühlen? Warum kann Kommunikation solch eine fatale Wirkung haben?

Zur Analyse und späteren Auflösung dieser Frage müssen wir zunächst unterscheiden, wie und auf welcher Ebene wir angesprochen werden beziehungsweise wo uns die Kommunikation erreicht. Kommunikation kann zum einen an unsere Rolle oder Funktion adressiert sein. Zum Beispiel werde ich als Mitarbeiterin oder Mitarbeiter im Unternehmen auf Sachthemen, die mit meinen Aufgaben und Funktionen zu tun haben, angesprochen. Zum anderen kann uns Kommunikation aber auch in unserer Person beziehungsweise in unserer Persönlichkeit treffen. Da geht es um mich und um meine Wertvorstellungen.

Um zu beschreiben, wie wir auf die unterschiedlich adressierte Kommunikation reagieren, hilft uns die Metapher der »roten und der blauen Männchen«. Diese »kümmern« sich nämlich darum, welche Ebene getroffen wird und welche Reaktion sich daraus ergibt. Dabei ist nicht auszuschließen, dass Kommunikation an einer anderen »Adresse« (Sachebene oder persönliche Ebene) ankommt, als es vom Absender ursprünglich beabsichtigt war.

Die roten und die blauen Männchen »wohnen« in unserer Magengegend und werden je nach Art und Weise eines Gesprächs aktiv. Die »blauen Männchen« sind für die Kommunikation zuständig, die uns in unserer Rolle, in unserer Funktion, anspricht. Die »roten Männchen« werden aktiv, wenn wir uns in unserer Person, unserer Persönlichkeit, angesprochen fühlen.

An einem konkreten, realen Beispiel lässt sich die Funktion dieser treuen Unterstützer, die wir alle besitzen, aber bis zu diesem Zeitpunkt vielleicht noch nicht kennengelernt haben, besser beschreiben.

Ein Mitarbeiter wurde von seinem Vorgesetzten auf die Erstellung gewisser Präsentationsunterlagen angesprochen: »Herr Lu., wann werden die Unterlagen endlich fertig? Ich habe Sie doch schon vor einer Woche darauf angesprochen. Das kann doch nicht so lange dauern. Wie lange brauchen Sie denn dafür?« Die Ansprache des Chefs war schon recht deutlich. Er war sehr aufgeregt und sprach deshalb auch schnell und ziemlich laut. Sein Blutdruck schien deutlich erhöht.

Trotz der Emotionalität in der Ausdrucksweise des Vorgesetzten war dies ein Fall für das blaue Männchen, zuständig für die Kommunikation auf der Sachebene. Mitarbeiter Lu., beziehungsweise sein blaues Männchen, antwortete nämlich wie folgt: »Die Erstellung der Präsentation dauert etwas länger, weil ich noch auf Informationen anderer Abteilungen warte. Ich hatte Ihnen das doch geschrieben. Morgen sollte sie aber fertig sein.« Das Thema war geklärt.

Anders hätte die Situation ausgesehen, wenn der Vorgesetzte von Herrn Lu. eine andere Formulierung gewählt hätte. Diese, unterstützt mit entsprechender Mimik und Gestik, wie Kopfschütteln, entsetzter Stimmlage und verständnislosem Gesichtsausdruck, hätte wie folgt lauten können: »Herr Lu., das kann doch nicht wahr sein. Eine Woche! Seit einer Woche warte ich auf Ihre Präsentation. Und sie ist immer noch nicht da. Ich fasse es nicht! Was können Sie eigentlich? Sind Sie nicht einmal in der Lage, einfachste Präsentationen termingerecht zu erstellen? Können Sie eigentlich gar nichts? Wer hat Sie bloß eingestellt?«

Diese Worte nehmen bei den meisten Menschen den Weg vom Ohr direkt in die Magengrube. Das sind Verbalangriffe gegen die Person und gehen an die Persönlichkeit. Äußerungen wie »Sie können gar nichts« können sehr schnell verletzend wirken. In meiner wahren Situation war es die Reaktion des Chefs: »Was ist denn das für ein Schwachsinn!« Für diese Art der Kommunikation, die unter die Gürtellinie geht, ist das rote Männchen zuständig. Wie reagiert es auf diesen Angriff? Es sorgt dafür, dass wir uns diese

Aktion merken. Es klebt nämlich imaginäre »Wut- oder Ärgermarken« in ein fiktives Sammelalbum. »Dieser Angriff saß und den merken wir uns!« Diese Marken spüren Sie, wenn Sie an die eine oder andere Situation denken, in der Sie sich so richtig verbal angegriffen fühlten oder geärgert haben. Bei manchen Menschen zwickt es dann in der Magengegend.

Manche Verbalangriffe können so heftig sein, dass nicht nur eine, sondern gleich mehrere Marken geklebt werden. Das hängt davon ab, wie heftig der Angriff war, und auch, wer hinter dem Angriff steckte. Bei bestimmten Gesprächspartnern reicht es bereits aus, dass sie den Raum betreten und schon läuft das rote Männchen los.

Das Sammelalbum für die Wut- und Ärgermarken wird dabei kontinuierlich weiter gefüllt. Vielleicht erhalte ich am nächsten Tag wieder einen Rüffel von meinem Chef oder ich ärgere mich über das Verhalten eines Kollegen oder in meinem privaten Umfeld kommt es zu Situationen, in denen ich mich angegriffen fühle.

Irgendwann ist das Sammelalbum mit diesen Marken vollgeklebt, die nichts anderes als unausgesprochene und ungelöste Konflikte darstellen. Wie reagieren wir Menschen dann, wenn ein Album voll ist? Richtig, wir legen ein weiteres an und kleben munter weiter. Es gibt Menschen, die haben wahre Enzyklopädien von Alben mit Wut- und Ärgermarken. Das ist sicher nicht gesund. Einige Menschen klagen dann über Unwohlsein, andere über Schlafstörungen und wieder andere sogar über eine Verringerung des Selbstwertgefühls. Diese Marken haben also schlimme Nebenwirkungen.

Aber wer entscheidet denn, ob die blauen oder die roten Männchen aktiv werden? Wir selbst! Unterstellt, dass mein Gesprächspartner mich nicht vorsätzlich verletzen möchte, entscheiden wir, ob die blauen oder die roten Männchen aktiv werden. Je nach Tagesform, eigener Gefühlslage, Thema und Gesprächspartner werden Marken geklebt oder es wird mehr oder weniger locker darüber hinweggesehen.

Im beruflichen Kontext wirken sich solche Marken extrem demotivierend aus. Wie kann ich als Führungskraft erwarten, dass meine Mitarbeiterinnen und Mitarbeiter Höchstleistung bringen und sich mit dem Unternehmen identifizieren, wenn sie in der Zusammenarbeit mit mir Marken geklebt haben? In meinem konkreten Beispiel (»Was ist denn das für ein Schwachsinn!«) rannten alle meine roten Männchen los und klebten mindestens zehn Marken in mein Album, sodass es sofort voll war. Die Qualität der Beziehung zu meinem Chef war von einem Moment zum anderen extrem verschlechtert. Je nach Anzahl der Marken ist die Beziehung auch komplett zerstört.

Ein kleines Gedankenexperiment: Überlegen Sie einmal für sich, welche Marken bei Ihnen kleben. Wer oder was hat dazu beigetragen? Wie alt sind die Marken?

Wie gehe ich nun mit den geklebten Marken um? Wie werde ich sie wieder los? Die Hoffnung, dass die Zeit alle Wunden heilt, hilft hier leider nicht weiter. Die Wirkung der Marken ist nämlich sehr nachhaltig und langwierig, denn der Klebstoff der Marken ist extrem zäh. Die Marken fallen nicht von alleine ab oder lösen sich irgendwann einmal auf. Sie wirken Tage, Wochen, Monate und manchmal viele Jahre lang nach.

In manchen Unternehmen gilt die grundsätzliche Regel zur Zusammenarbeit, dass keine Marken geklebt werden. Sobald bei einer Mitarbeiterin oder einem Mitarbeiter das Gefühl entsteht, dass das »rote Männchen« aktiv wird, heißt es: »Stopp! Was passiert hier gerade? Wir wollen gegenseitig keine Marken kleben.« Zugegeben, bei diesen Unternehmen handelt es sich um kleinere Organisationen. Aber auch in größeren Firmen wird dieses Verständnis auf Abteilungs- oder Teamebene gelebt. Die Qualität der Zusammenarbeit genießt hohe Priorität. Es geht nicht darum, dass eine reine »Kuschelatmosphäre« herrschen soll. Aber störungsfrei und unbelastet sollten die Beziehungen untereinander sein.

Damit sind wir auch schon bei der ersten von drei Möglichkeiten, das Markenkleben zu verhindern und die Marken wieder zu eliminieren, falls sie doch schon geklebt sind.

Möglichkeit 1: Stopp!
Wenn Sie das Gefühl haben, dass Sie in einem Gespräch persönlich angegriffen werden und das »rote Männchen« bereits in den Startlöchern steht

und loslaufen möchte, um eine Marke zu kleben, sagen Sie: »Stopp!« Eine typische Formulierung könnte sein: »Ich möchte nicht, dass wir in dieser Art und Weise weiterreden. Ich fühle mich gerade persönlich angegriffen. Lassen Sie uns bitte wieder zur Sache kommen oder das Gespräch unterbrechen und später fortsetzten.« Zugegeben: Diese Art der Ansprache erfordert etwas Mut und Übung. Es ist aber allemal besser, deutlich zu signalisieren, dass eine wahrscheinlich gut gemeinte Äußerung falsch bei Ihnen ankommt, als eine Marke zu kleben.

Es kann aber auch passieren, dass Sie erst später merken, dass eine Marke bereits geklebt wurde. Viele Menschen berichten, dass Ihnen erst mit zeitlichem Abstand bewusst wurde, dass Sie sich persönlich angegriffen fühlen. Erst am Abend, auf dem Heimweg von der Arbeit nach Hause oder auch erst am nächsten Tag kann die Erkenntnis kommen: »Was ist denn da passiert? Wie hat man denn da mit mir geredet? Unverschämtheit! Das war doch ein Schlag in die Magengrube.« Die Marke ist geklebt und muss nun auf andere Art entfernt werden.

Möglichkeit 2: Bewertung der Marken
Probleme sind abstrakt. Jeder Einzelne entscheidet, ob ein Problem groß oder klein ist. Ähnlich verhält es sich bei den Marken. Die Bedeutung der Marken, welches Gewicht sie haben und welchen Stellenwert wir ihnen einräumen, wie sehr sie uns zwicken und ärgern, entscheiden wir selbst. Machen wir aus einer »Mücke einen Elefanten«? Lohnt es sich, sich über eine gewisse Situation so zu ärgern, dass es eine Marke wert ist? Oder kann ich eine ehrliche Entscheidung für mich treffen und sagen: »Das ist es nicht wert, dass ich mich hierüber ärgere«?

In einem Seminar sagte einmal ein Teilnehmer: »Gut, dass ich Sie treffe. Ich habe auch eine Marke geklebt und die ist schon zwanzig Jahre alt. Sagen Sie mir, wie ich die wieder los werde.«

Ich bat den Teilnehmer zu erzählen, wie es denn zu der Marke gekommen ist.

»Erinnern Sie sich«, begann er mit seinem Bericht, »dass es einmal eine Zeit gab, in der man sich einen Videorekorder kaufte?«

Ich schaute etwas verdutzt. Natürlich konnte ich mich gut an diese Zeit erinnern. Manchen jüngeren Teilnehmern mussten wir allerdings erklären, dass es eine Zeit vor Blue Ray Discs und Clouds gab.

»Stellen Sie sich vor«, fuhr der Teilnehmer fort. »Ich habe mir damals auch einen solchen Videorekorder gekauft; in einem kleinen Fachgeschäft, nicht in einem Elektrogroßhandel, wie es heute üblich ist. Der Verkäufer hat mich damals dazu überredet, ein teures, deutsches Markenprodukt zu wählen und nicht die japanische, günstigere Alternative.« Während er den Verkaufsprozess schilderte, war deutlich zu beobachten, wie sich sein Zorn steigerte. Er verdrehte die Augen und gestikulierte wild mit seinen Händen.

»Ich habe mich darauf eingelassen und bin auf ihn reingefallen«, fuhr er wütend fort.

»Was ist denn passiert?«, fragte ihn ein anderer Teilnehmer.

»Drei Tage, ganze drei Tage hat das Gerät funktioniert. Dann war es kaputt«, brach es aus dem Teilnehmer heraus. Mit mittlerweile hochrotem Kopf fuhr er fort: »Natürlich habe ich mir den Videorekorder sofort unter den Arm geklemmt und bin zu dem Geschäft gefahren, in dem ich ihn gekauft hatte. Als ich dort ankam, sah ich, dass dort ein großes Schild hing: ,Wegen Geschäftsaufgabe geschlossen!' Wenn ich den Kerl erwische! Der hat doch bestimmt gewusst, dass sein Laden geschlossen wird und mir trotzdem dieses teure Gerät verkauft. Dieser Schuft! Diese Marke habe ich heute noch in meinem Album kleben!«

Die Erregung des Teilnehmers nahm noch deutlich zu, als er über seine Situation berichtete. Mir und auch einigen anderen Teilnehmern fiel es allerdings nicht leicht, uns ein Schmunzeln zu verkneifen.

»Was kann ich denn nun tun?«, fragte er fast verzweifelt.

»Nun, Sie könnten vielleicht einen Privatdetektiv beauftragen, der versucht, den Verkäufer zu finden«, antwortete ich ein wenig scherzhaft und sagte mit einem Augenzwinkern: »Und wenn er ihn gefunden hat, können Sie versuchen, ihn zu verklagen, oder ihm eins auf die Nase hauen, wenn

Sie sich so geärgert haben. Aber im Ernst. Vielleicht überlegen Sie einmal für sich, welche Bedeutung diese Marke tatsächlich heute noch für Sie hat oder ob Sie den Ärger gedanklich abhaken können und Sie diese Geschichte gerne bei der nächsten Party zur allgemeinen Erheiterung erzählen möchten.«

Das wollte der Teilnehmer dann auch zukünftig tun.

Die Möglichkeit, den Marken ihre Bedeutung zu nehmen, birgt allerdings eine gewisse Gefahr. Menschen, denen es unangenehm ist, Konflikte konstruktiv anzugehen, können dazu neigen, sich selber hereinzulegen. Sie tun so, als ob ihnen eine Marke keinen Kummer bereitet, damit sie das Problem nicht ansprechen müssen. In Wirklichkeit hat die Marke aber Bedeutung und Gewicht und wird sich bestimmt auch wieder melden. Dann muss das Problem auf den Tisch. Hier hilft nur noch die dritte Möglichkeit.

Möglichkeit 3: konstruktives Konfliktgespräch
Um die geklebten Marken zu entfernen und damit auch die Qualität der Beziehung wieder zu verbessern, muss das Thema angesprochen werden, das zum persönlichen Konflikt geführt hat. Untersuchungen aus dem Bereich der Konfliktforschung haben gezeigt, dass durch konstruktiv geführte Gespräche eine hohe Wahrscheinlichkeit entsteht, Konflikte nachhaltig zu lösen. Derartige Gespräche zu führen ist bestimmt nicht angenehm und sie fallen den meisten Menschen nicht leicht. Wenn ich sie aber strukturiert vorbereite und durchführe, besteht eine große Chance, dass es mir gelingt, die lästigen und belastenden Marken zu eliminieren.

Ein konstruktives Konfliktgespräch hat nur fünf verschiedene Phasen und ist somit leicht zu merken. Auch bei meinem persönlichen Fall (»Was ist denn das für ein Schwachsinn!«) habe ich mich an dieser Struktur orientiert und das Thema angesprochen. Wie die Situation ausgegangen ist, erzähle ich später. Hier gehe ich erst einmal auf die verschiedenen Phasen eines Konfliktgesprächs ein:

- **Phase 1: Vorbereitung**
  Wie bei allen anspruchsvollen Kommunikationssituationen spielt sich ein sehr wichtiger Teil bereits ab, bevor das Gespräch begonnen hat. Eine gute Vorbereitung ist ein zentraler Erfolgsfaktor. Ein unüberleg-

tes, unvorbereitetes Gespräch führt dagegen oft nur zu einer weiteren Eskalation. Unterscheiden möchte ich zwischen der organisatorischen und der persönlichen Vorbereitung.

Zunächst die **organisatorische** Vorbereitung:
- Informationen sammeln: Welche Informationen, Dokumente, Zahlen, Daten, Fakten benötige ich für das Gespräch? Kann ich konkrete Beispiele nennen? Es ist äußerst unangenehm, wenn ich in einem Gespräch plötzlich merke, dass mir wichtige Unterlagen oder Informationen fehlen.
- Zeit und Ort: Wann und wo soll das Gespräch stattfinden? Habe ich genügend Zeit eingeplant? Die wenigsten Gespräche gehen konstruktiv aus, wenn ich sie aus Zeitmangel abbrechen muss.
- Einladung an meinen Gesprächspartner: Wie lade ich die andere Person zum Gespräch ein? Falls möglich, bietet sich eine persönliche Einladung an. Bei einer Einladung per E-Mail sollte das Thema beziehungsweise die Situation benannt werden, über die ich sprechen möchte. Neben dem organisatorischen Aspekt ist es nur fair, wenn sich mein Gesprächspartner ebenfalls auf das Treffen vorbereiten kann. Dadurch vermeide ich, dass die andere Person sich »überrumpelt« fühlt, weil sie sich nicht vorbereiten konnte.

Zur **persönlichen** Vorbereitung gehören die folgenden Punkte:
- Eigene Verfassung: Wie ist meine eigene physische und psychische Verfassung? Bin ich emotional dazu in der Lage, das Gespräch zu führen? Es macht keinen Sinn, ein Gespräch führen zu wollen, wenn ich entweder noch vor Wut schäume, weil ich mich so geärgert habe, oder wenn ich aufgrund einer Kränkung oder Enttäuschung in Tränen ausbreche. Wichtig ist, dass Sie sich klarmachen, was Sie eigentlich genau wahrgenommen haben, wie Sie diese Wahrnehmung interpretiert haben und welche Bedürfnisse Sie haben, die verletzt wurden.
- Ziel des Gesprächs: Welches Ziel kann ich im Gespräch realistisch erreichen? Gibt es ein Maximal- und ein Minimalziel?
- Einstieg und Ablauf: Wie stelle ich mir den Einstieg zu Beginn des Gesprächs vor? Wie soll der Ablauf idealerweise aussehen?
- Hineinversetzen in den anderen Gesprächspartner: Welche Punkte wird die andere Person möglicherweise ansprechen? Welche Argu-

mente oder Gegenargumente könnte sie vorbringen? Wie hat die andere Person die Situation gesehen? Was ist ihr wichtig?
- Regeln: Ist es sinnvoll, Regeln für den Ablauf des Gesprächs zu vereinbaren? Bei manchen Themen kann es sehr emotional zugehen. Es könnte hilfreich sein, sich vorher auf einige Regeln festzulegen, zum Beispiel darauf, dass man sich respektvoll verhält, sich gegenseitig aussprechen lässt und sich nicht ins Wort fällt, nicht beleidigt, jeder den anderen zu verstehen und zu einer Lösung beizutragen versucht etc.

- **Phase 2: Einstieg in das Gespräch.**
Zum Einstieg in das Gespräch ist es ratsam, nicht gleich »mit der Tür ins Haus zu fallen«, sondern erst einmal eine gemeinsame Basis für das Gespräch zu schaffen.
Hierbei sind die folgenden Punkte relevant:
- Kontakt herstellen: Am Anfang steht die Beziehungsebene im Vordergrund. Es geht darum, einen positiven Kontakt zum Gesprächspartner herzustellen. Ein dosierter Small Talk zu Beginn kann der Atmosphäre förderlich sein. Gequältes, langwieriges Geschwätz über typische Small-Talk-Themen wie das Wetter ist allerdings nur Energieverschwendung. Durch die Einladung weiß mein Gegenüber doch, worum es in dem Gespräch eigentlich gehen soll. Es gilt daher die folgende Faustformel: Je stärker der Konflikt, desto schneller sollte man zur Sache kommen.
- Formulierungen wie: »Vielen Dank, dass wir über das Thema XY sprechen können. Das Thema ist mir sehr wichtig«, bieten sich als Einstieg an. Eine Führungskraft erzählte mir einmal von folgendem Einstieg in ein schwieriges Gespräch: »Ich bin froh, dass Sie sich die Zeit für ein Gespräch genommen haben, denn es liegt mir etwas auf dem Herzen, das ich gerne mit Ihnen besprechen möchte. Ich möchte mit Ihnen über das Thema Z sprechen und hoffe, dass wir das Problem so lösen können, dass wir beide zufrieden sind.«
- Ablauf und Ziel abstimmen: Es ist hilfreich, kurz zu skizzieren und miteinander abzugleichen, wie man sich das Gespräch vorstellt und welches Ziel erreicht werden soll. Die bereits oben zitierte Führungskraft hat das wie folgt getan: »Ich möchte Ihnen kurz sagen, wie ich die Situation beim Thema Z gesehen habe, und bin dann neugierig, zu hören, wie Ihre Sichtweise hierzu ist. Danach würde ich gerne

schauen, was für jeden von uns für die Zukunft wichtig ist und ein konkretes Ziel vereinbaren.«

Wenn ein Konflikt stark eskaliert ist, kann es – wie ich oben schon beschrieben habe – hilfreich sein, Gesprächsregeln zu vereinbaren.

- **Phase 3: Klärungsphase**

Die Klärungsphase ist das »Herzstück« des Gesprächs. Hier kommt das Thema oder der Konflikt auf den Tisch. Die bereits aus Kapitel 2.6 bekannte AAA-Formel (Aktion beschreiben, Auswirkungen benennen, alternatives Handeln ansprechen) kann gut helfen, meine Rückmeldung zu strukturieren und darzulegen, warum bei mir etwas unter der Gürtellinie gelandet und dadurch ein persönlicher Konflikt entstanden ist. Bei manchen Gesprächen kann es dabei hoch hergehen. Besonders dann, wenn die Gesprächspartner die Situation unterschiedlich wahrnehmen oder einschätzen. Im Eifer des Gefechts kann es dann auch schon einmal passieren, dass es lauter wird und die Geschwindigkeit im Gespräch zunimmt. Das birgt die Gefahr, dass man dem anderen trotz guter Vorsätze ins Wort fällt. Wenn das passiert, nehmen Sie die Geschwindigkeit aus dem Gespräch heraus. Verlangsamen Sie den Dialog. Das entspannt die Situation.

Habe ich meinen Gesprächspartner richtig verstanden? Sind meine Äußerungen bei meinem Gegenüber so angekommen, wie ich es gemeint habe? Falls es zu einer Art »Pingpongspiel« kommt, bei dem sich die Gesprächspartner gegenseitig mit Äußerungen wie »ja, aber« unterbrechen und sich nur auf den eigenen Standpunkt fokussieren, empfiehlt es sich, das Gespräch auf eine andere Ebene zu heben.

»Ich glaube, wir drehen uns momentan im Kreis. Ich würde gerne noch mal neu starten und zunächst einmal versuchen, Sie zu verstehen. Und das Gleiche wünsche ich mir dann auch von Ihnen«, könnte eine typische Formulierung von der Metaebene aus lauten.

Wenn es gelingt, gegenseitiges Verständnis zu entwickeln, richtet sich der Blick meist automatisch von der Vergangenheit auf die Zukunft, um eine Lösung zu finden.

Falls die Emotionen aber doch weiter hochkochen, kann ich mich auf die vorher angesprochenen Regeln berufen. »Zu Beginn unseres Gesprächs hatten wir doch vereinbart, dass wir uns gegenseitig aussprechen lassen und uns nicht ins Wort fallen. Lassen Sie uns das doch bitte berücksichtigen«, wäre eine typische Formulierung in dieser Phase.

Falls es zu Reaktionen kommt wie: »Das macht doch alles keinen Sinn. Ich habe keine Lust mehr, dieses Gespräch weiterzuführen«, kann es helfen, sich auf die Einführung des Gesprächs zu berufen: »Zu Beginn haben wir uns auf den Ablauf und das Ziel des Gesprächs verständigt. Wollen wir versuchen, uns weiter daran zu halten und unser Ziel zu erreichen? Oder hilft eine Pause und wir setzen das Gespräch später, gegebenenfalls auch morgen fort?«

Leider gibt es keine Garantie, dass in der Klärungsphase absolute Einsicht erreicht und ein Konflikt komplett gelöst wird, sodass alle geklebten Marken verschwinden. Die Wahrscheinlichkeit ist hoch, aber wenn ein Gesprächspartner die Situation nicht lösen oder ändern will, dann will er nicht. Dann kann ich mir natürlich die Frage stellen, welchen Stellenwert die Marke noch hat und ob es sich bei einer solchen Haltung meines Gesprächspartners lohnt, sich darüber weiter zu ärgern.

Im beruflichen Kontext bleibt noch die Möglichkeit, das Thema oder den Konflikt dann auf die nächsthöhere Ebene zu heben, das heißt: zu eskalieren. »Wenn wir es nicht schaffen, das Problem allein zu lösen, dann müssen wir zu Klärung wohl unseren Vorgesetzten mit einbeziehen.« Oft lenken Gesprächspartner dann noch ein, denn »es ist ja peinlich, dass wir es nicht alleine schaffen.«

- **Phase 4: Lösungsideen sammeln**

Wenn die Klärungsphase konstruktiv durchlaufen wurde, geht es zur Lösungsphase. Hier geht es oft sehr schnell. Ideen, wie zum Beispiel zukünftig miteinander umgegangen wird, werden gesammelt. Anschließend wird überprüft, ob diese Lösungen tatsächlich für beide Seiten akzeptabel sind. Dann können konkrete Vereinbarungen getroffen werden. Schließlich ist es wichtig, sicherzustellen, dass beide Seiten ein gemeinsames Verständnis davon haben, wie die Zusammenarbeit in Zukunft verlaufen soll.

- **Phase 5: Abschluss**

Zum Ende geht es darum, das Gespräch positiv abzuschließen. Es gilt sicherzustellen, dass kein wichtiger Punkt unter den Tisch gefallen ist, sei es bei mir selbst oder beim anderen.

Die besprochene Lösung wird nochmals zusammengefasst. Oft werde ich gefragt, ob denn eine schriftliche Zusammenfassung hilfreich ist. Schließlich kann man sich immer noch missverstanden haben. Ein Protokoll über das geführte Gespräch kann auf der einen Seite zwar für zusätzliche Klarheit sorgen. Auf der anderen Seite wird aber auch das Thema »Vertrauen« tangiert.

Die Gefahr einer Reaktion wie »Traust du mir nicht? Soll ich jetzt etwa ein Protokoll über unsere Vereinbarung unterzeichnen« ist groß. Diese Frage sollte daher im Einzelfall besprochen und einvernehmlich beschlossen werden.

Weiterhin empfehle ich, das Gespräch am Ende nochmals zu reflektieren. Dabei ist es hilfreich, von der Inhalts- auf die Metaebene zu wechseln, indem man den anderen fragt, wie zufrieden er mit dem Gespräch oder dem Ergebnis ist oder selbst von sich aus ein Fazit zieht: »Ich bin erleichtert, dass wir das Thema nun endlich ausgeräumt haben, und froh, dass wir alles offen besprechen konnten.«

Diese Reflexion stellt zugleich ein gutes Fundament für eventuelle zukünftige Gespräche zwischen den Beteiligten dar. »Wir haben es geschafft, mit einem sehr komplexen Thema vernünftig umzugehen, und wir haben eine Lösung gefunden. Das wird auch beim nächsten Mal so klappen.«

Ein aufrichtiges »Danke« sollte das Gespräch beschließen.

Wie haben mir die fünf Phasen bei der Auflösung meiner Marke »Schwachsinn« geholfen? Nach dem Verbalangriff des Chefs (»Was ist denn das für ein Schwachsinn!«) konnte ich mir nicht mehr vorstellen, überhaupt noch in diesem Bereich oder in diesem Unternehmen weiterzuarbeiten. Schließlich hatten auch andere Personen die Situation mitbekommen.

Wenn ich schon gehe oder vielleicht sogar gehen muss, dann will ich die Situation aber zumindest aufklären, überlegte ich mir. Bestärkt durch viele Gespräche mit Freunden und einem guten Coach, entschied ich mich, das Gespräch mit dem Chef zu suchen. Orientiert an den einzelnen Phasen bereitete ich mich auf ein Treffen mit ihm vor. Besonders viel Zeit kostete die Frage, was mein Ziel des Gesprächs sein konnte. Was konnte ich realistischerweise erwarten? Selbstverständlich wäre es illusorisch gewesen, zu hoffen, dass der Chef »auf die Knie fallen« und reumütig um Verzeihung bitten würde. Nein, darum konnte es nicht gehen. Mir war wichtig, die Situation richtigzustellen. Er sollte erfahren, dass ich mir sehr viel Mühe gegeben hatte und dass ich Aufgaben, die mir übertragen werden, zur vollsten

Zufriedenheit erledigen möchte. Dazu ist es natürlich wichtig, zu wissen, wie die genaue Aufgabenstellung ist und was von mir erwartet wird.

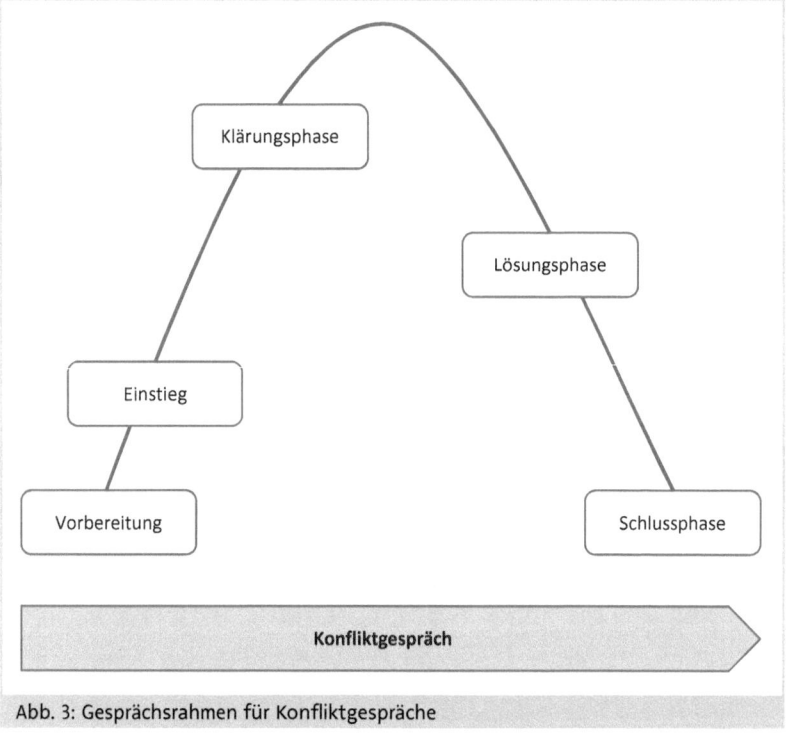

Abb. 3: Gesprächsrahmen für Konfliktgespräche

Ich wollte ihm sagen, dass ich bei (eventuellen) zukünftigen Aufgaben einen Ansprechpartner brauche, an den ich mich bei Rückfragen wenden kann, und er sollte verstehen, dass ich eine professionelle Leistung abliefern wollte und keinen »Schwachsinn«.

Über die Assistentin hatte ich mir einen Termin beim Chef einräumen lassen. Als der Tag kam, stiegen Nervosität und Stress gewaltig an. Um 10.00 Uhr durfte ich »antreten«.

»Worum geht es?«, wurde ich knapp begrüßt. Wieder waren im Büro mehrere Personen versammelt und es war eine große Hektik zu spüren.

»Ich würde gerne mit Ihnen über das Thema XY sprechen«, erwiderte ich, sicherlich mit etwas zittriger Stimme.

»Worüber?«, fragte der Chef verwunderter. »Zu diesem Thema gibt es doch gar nichts zu besprechen! Das ist doch alles erledigt.«

»Es geht mir um die Situation, als Sie mir zu diesem Thema eine Aufgabe delegiert haben. Sie baten mich eine Ausarbeitung anzufertigen und schienen nicht zufrieden mit dem zu sein, was ich Ihnen übergeben habe«.

»Nicht zufrieden? Was habe ich denn dazu gesagt?«

»Na ja«, druckste ich herum. »Mir ist wichtig, dass ich einen Ansprechpartner habe, an den ich mich wenden kann, wenn ich Rückfragen zu Ihren Aufgaben habe. Ich möchte professionelle Arbeit abliefern«, wich ich aus.

»Was soll ich denn nun gesagt haben«, insistierte er. Nun kam ich um eine Antwort nicht mehr herum.

»Was ist denn das für ein Schwachsinn …«. Weiter kam ich nicht.

»WAS soll ich gesagt haben?«, entrüstete er sich lautstark. »Das kann ich mir überhaupt nicht vorstellen.« Er schüttelte heftig den Kopf und fuhr nach kurzer Zeit entrüstet fort: »Und falls ich das tatsächlich gesagt haben sollte, dürfen Sie das nicht so ernst nehmen. Das passiert schon mal in der Hektik des Geschäfts.« Nach einer kurzen Gedankenpause, in der er mich intensiv anstarrte, lenkte er jedoch ein, wobei er zwischen den einzelnen Worten deutliche Pausen machte: »Aber gut, dass Sie gekommen sind. Wenden Sie sich zukünftig an meinen neuen Assistenten. Der kann Ihnen dann weitere Auskunft geben. Ich weiß schon, dass Sie hier gute Arbeit leisten. Also weiter so!« Er drehte sich um, ließ mich stehen und wandte sich den anderen Personen, die in seinem Büro waren, zu.

Immerhin hat er mich nicht rausgeworfen, dachte ich mir, und ein kleines Ziel hatte ich erreicht. *Offensichtlich ist ihm bewusst, dass ich gute Arbeit abliefern möchte. Einen Ansprechpartner bei Rückfragen habe ich jetzt auch. Meinen Är-*

ger über seinen »Verbalangriff« hat er wohl auch gespürt. Zumindest ein klein wenig! Ich war zufrieden.

Die Situation hatte allerdings noch ein »Nachspiel«. Einige Wochen nach meinem Gespräch traf ich meinen Chef wieder. Er nickte mir nur kurz zu und flüsterte, weil es wohl kein anderer hören sollte: »Unser Gespräch zuletzt, das war ziemlich mutig von Ihnen. Das fand´ ich aber sehr gut. Weitermachen! Auch wenn ich immer noch nicht glaube, dass ich so etwas gesagt haben soll!« Mit leichtem Grinsen ging er weiter und ich fühlte mich bestätigt, alles richtig gemacht zu haben.

! **»Handfest zusammengefasst«**

Wenn Kommunikation unter die Gürtellinie geht und Sie sich persönlich angegriffen fühlen, sagen Sie frühzeitig »Stopp« und machen Sie dem anderen höflich aber unmissverständlich klar, dass Sie so nicht weitersprechen wollen. Falls aber bereits eine »Wut- und Ärgermarke« geklebt sein sollte, also bereits ein Konflikt vorliegt, seien Sie ehrlich zu sich selbst und überlegen Sie, ob es sich lohnt, diesen Konflikt anzusprechen oder ob dadurch aus einer »Mücke ein Elefant« wird.

Wenn es sich lohnt oder wenn es sogar notwendig ist, das Thema anzusprechen, muss der Konflikt »auf den Tisch«. Die fünf Phasen (Vorbereitung (persönlich und organisatorisch), Einstieg, Klärung, Lösung und Schluss) helfen bei einem konstruktiven Konfliktgespräch, das oft die Basis für eine weitere konstruktive Zusammenarbeit ist.

2.8 Führung in Zeiten von Veränderungen

»Ich will nicht und ich mache auch nicht mit ...«

Führung kann schon in ruhigen Zeiten sehr komplex sein. Als Führungskraft bin ich dafür verantwortlich, mit Mitarbeiterinnen und Mitarbeitern klare Ziele zu vereinbaren. Ich muss klarstellen, was zu ihren Aufgaben gehört, wofür sie verantwortlich sind und was sie entscheiden können und dürfen. Ich muss wie ein Personalentwickler beurteilen, ob sie zur Erreichung der Ziele die erforderlichen Fähigkeiten und Kenntnisse haben oder ob sie zusätzliche Unterstützung und Weiterbildung benötigen. Konstruktives Feedback als Rückmeldung zur erbrachten Leistung spielt dabei eine wichtige Rolle. Führungskräfte sollen ihre Mitarbeiterinnen und Mitarbeiter im

Führung in Zeiten von Veränderungen   2

Rahmen ihrer realistischen Möglichkeiten motivieren. Dazu gehört es auch, eine Fehlerkultur zu etablieren, in der sich jeder Einzelne auch trauen kann, neue Gedanken und Taten einzubringen. Weiterhin müssen Führungskräfte dafür sorgen, dass aus der Summe der einzelnen Personen ein Team wird, in dem die Einzelnen gemeinsam an der Umsetzung der Aufgaben und Ziele arbeiten. Wer kann da noch sagen, Führungskräfte hätten nichts zu tun, würden aber besser bezahlt?

Neben diesen Kernaufgaben zur Führung der Mitarbeiterinnen und Mitarbeiter gibt es selbstverständlich auch noch das Tagesgeschäft. Auch das muss natürlich erledigt werden und weiterlaufen. Und dann gibt es noch die Vorgesetzten der Führungskräfte. Sie erwarten die Umsetzung übergeordneter Zielen, stellen Prozesse infrage, erwarten Einschätzungen zum Markt und zum Wettbewerb und kommen dann auch noch mit Ideen zu Veränderungen.

Wenn diese Veränderungen oder »Change-Prozesse«, wie Veränderungen gerne in Unternehmen bezeichnet werden, dann starten, bekommt Führung eine besondere Bedeutung. Die Führungskräfte sind dann besonders gefordert, weil die Komplexität der Führung steigt.

Als Führungskraft stehe ich bekanntlich immer »auf der Bühne«. Die Mitarbeiterinnen und Mitarbeiter beobachten und »scannen« mich dabei kontinuierlich. Welche Laune hat er heute? Wie spricht er mit uns? Passt das, was er sagt, zu seiner Mimik und Gestik? Ist er authentisch und glaubwürdig? Erzählt er uns wirklich alles? Sagt er die Wahrheit?

In Zeiten von Veränderungen müssen sich Führungskräfte dessen besonders bewusst sein.

Wie nehme ich aber meine Vorbildfunktion als Führungskraft wahr, wenn ich selber nicht von einer geplanten oder bereits gestarteten Veränderung überzeugt bin? Ich soll die »von oben« vorgegebene Veränderung umsetzen und mit gutem Beispiel vorangehen, obwohl ich anderer Meinung bin. Auch die Art und Weise, wie die Veränderung ungesetzt wird, gefällt mir möglicherweise nicht. »Vielleicht gibt es auch nur deshalb eine Veränderung, weil andere Fehler gemacht haben, für die ich nicht verantwortlich bin, die ich aber jetzt ausbaden soll. Die schlechten Nachrichten soll ich dann auch noch überbringen«, sagen oder denken dann manche Führungskräfte.

Veränderungen sind oft umfangreich und sollen mit hoher Geschwindigkeit durchgeführt werden. Manche Mitarbeiter verstehen aber den Anlass nicht sofort oder wollen ihn nicht verstehen. »Es läuft doch. Warum etwas verändern?« ist dann eine typische Reaktion. Selbst wenn eine Veränderung nachvollziehbar erscheint, kann die Umsetzung länger dauern als geplant oder gewünscht. Führungskräfte bekommen dann Druck »von oben«, den Prozess zu beschleunigen. Diesen Druck sollen oder müssen sie weitergeben und treffen nicht selten auf Gegendruck. Die Mitarbeiterinnen und Mitarbeiter erwarten dann, dass sich die Führungskraft für sie einsetzt und sich »nach oben« durchsetzt und für einen realistischen Zeitrahmen sorgt. Die Führungskraft steht nun »zwischen den Fronten« und muss versuchen, das richtige Tempo zu finden.

Wie emotional Mitarbeiterinnen und Mitarbeiter auf Veränderungen reagieren können und wie wichtig dabei Kommunikation und Führung sind, zeigt die folgende Situation.

In einem Unternehmen mit langer Tradition standen umfassende Veränderungen an. Der Firma ging es eigentlich gut. Die Verkaufszahlen der letzten Jahre konnten sich sehen lassen und auch die Ergebnisse waren zufriedenstellend. Trotz der guten Zahlen, die sich in der Vergangenheit immer auf einem gleich guten Niveau befanden, beschloss die Geschäftsleitung einen durchgreifenden Veränderungsprozess. Wachstum und Modernisierung hieß das Ziel und wurde als Strategie zur Sicherung der Zukunft ausgerufen. In der internen Firmenzeitung wurde über die anstehenden Maßnahmen berichtet. Bei den Betriebsversammlungen stellte die Geschäftsleitung die kommenden Aktionen vor und die Führungskräfte sollten als Ansprechpartner zur Verfügung stehen und alle Fragen im Zusammenhang mit dem Veränderungsprozess beantworten. Zusätzlich wurde für die gesamte Belegschaft eine Reihe von Workshops geplant, die den Veränderungsprozess begleiten sollten.

Für viele Mitarbeiterinnen und Mitarbeiter war die Notwendigkeit der Veränderung trotz der Kommunikation durch die Geschäftsleitung völlig unverständlich und nicht nachvollziehbar. »Was soll das? Es geht uns doch gut. Auch in den letzten Jahren ist es uns gut gegangen. Warum plötzlich diese Unruhe. Das hat mir mein Chef noch nicht erklärt. Der hat ja gar keine Zeit. Da mache ich nicht mit. Das ist doch alles Blödsinn«, war auf den Fluren zu hören.

Diese Stimmung kam, wenn auch mit einiger Verzögerung, bei der Geschäftsleitung und den Führungskräften an. »Glücklicherweise gibt es ja die Workshops für die Mitarbeiterinnen und Mitarbeiter. Die sollen helfen, alle »mitzunehmen« und Geschwindigkeit in den Prozess zu bekommen«, reagierte die Führungsetage voller Hoffnung. »Schließlich müssen wir die Veränderung schnell durchziehen.«

Die ersten Workshops standen an. In einer eintägigen Veranstaltung sollte ich den Mitarbeiterinnen und Mitarbeitern erklären, warum Unternehmen sich überhaupt verändern, und gemeinsam mit den Teilnehmern erarbeiten, wie sie ihren eigenen Prozess auch selber aktiv begleiten können. Die Führungskräfte hatten sich in separaten Veranstaltungen hierzu bereits ausgetauscht und sich gegenseitig auf die Zukunft eingeschworen.

»CHACKA, wir geben jetzt richtig Vollgas!« kamen sie euphorisch aus ihren Workshops.

Der Ablauf der Veranstaltungen mit den Mitarbeiterinnen und Mitarbeitern sah vor, dass zu Beginn eine Führungskraft hinzukommen sollte, um für Fragen, Zweifel, Sorgen, Ängste und Nöte zum Thema »Veränderungsprozess« zur Verfügung zu stehen.

Ich hatte ein sehr mulmiges Gefühl, als ich in der Phase der Vorbereitung mit dieser CHACKA-Mentalität der Führungskräfte konfrontiert wurde. Ob das so einfach funktionieren würde? Ein bisschen Begeisterung hier, Aufbruchstimmung und Durchhalteparolen da, und schon sollen alle enthusiastisch sein und bei der Veränderung der Firma mit vollem Elan mitziehen?

Führung

Wenn das mal gut geht, dachte ich mir. *Wer stellt sich den Fragen zum Sinn oder Unsinn der Veränderung und wer kann sie beantworten? Bestimmt werden diese Fragen kommen. Wer nimmt den Menschen dann ihre Sorgen?,* kamen weitere Befürchtungen bei mir hoch.

Die meisten Beschäftigten des Unternehmens hatten eine sehr lange Betriebszugehörigkeit. Selbst 40-jährige Firmenjubiläen wurden nicht selten gefeiert.

»Wie können wir diese Kolleginnen und Kollegen »mitnehmen«, damit sie die Veränderung mittragen?«, äußerten einige Führungskräfte erste Bedenken, bevor die Workshops starteten.

Dann ging es los. Der erste Workshop stand an. Zwölf Teilnehmerinnen und Teilnehmer waren angemeldet. Sie kamen aus unterschiedlichen Bereichen aus der Produktion und der Verwaltung und begegneten sich am Tag des Workshops teilweise zum ersten Mal.

Um 9.00 Uhr sollten wir pünktlich starten. Die ersten Mitarbeiterinnen und Mitarbeiter erschienen und betraten mit fragenden Blicken den Raum. »Sind wir hier richtig? Finden hier diese komischen Workshops statt?«

»Ja, wenn Sie damit die Workshops zur Veränderung meinen, sind Sie hier richtig. Herzlich willkommen«, begrüßte ich sie. Ich gab jedem die Hand. Oder besser gesagt: Ich wollte jedem die Hand zur Begrüßung schütteln, um für eine gute und konstruktive Atmosphäre zu sorgen. Das funktionierte aber leider nicht. Ein Teilnehmer, groß gewachsen und mit unterkühlter Miene, verweigerte mir demonstrativ den Handschlag. Er zog bewusst seine Hand zurück, steckte sie tief in die Tasche seiner Arbeitshose und fixierte mich mit einem grimmigen Blick. Ich hatte den Herrn noch nie zuvor in meinem Leben gesehen. Verdutzt schaute ich ihn an.

Dann fuhr er mich mit lauter Stimme an: »Ich halte nichts von dieser Veranstaltung und wollte auch nicht hierher. Aber ich muss! Mein Chef hat gesagt, dass ich muss. Wenn ich nicht teilnehme, würde ich großen Ärger bekommen. Ich bleibe aber nicht bis zum Schluss und mache auch nicht mit! Das sage ich Ihnen sofort. Sind Sie eigentlich ein Spion meines Chefs?«

Das war ein Paukenschlag zu Beginn und wirkte auf mich wie ein Frontalangriff. Der ganze Zorn über den Veränderungsprozess schien sich bereits zu Beginn gegen mich zu wenden.

»Genau«, ergänzte ein weiterer Teilnehmer. »Was soll das denn hier? Niemand hat uns gesagt, was wir hier sollen.«

»Ich habe auch keine Lust«, stimmten andere ein.

»Wir haben gehört, dass viele Entlassungen bevorstehen. Dazu hören wir nichts! Erklären Sie uns das heute?«, fragte eine Teilnehmerin mit besorgtem Gesichtsausdruck.

Den Start hatte ich mir natürlich ganz anders vorgestellt. Der Widerstand gegen die Veranstaltung schien ziemlich groß zu sein und wir hatten noch nicht einmal begonnen. Die Führungskraft, die zur Begrüßung des Workshops kommen sollte, war leider noch nicht anwesend und konnte mir somit auch nicht helfen. Als sie dann endlich kam, erlebte sie aber den gleichen Auftritt. Auch der Führungskraft, einem erfahrenen Manager, wurde die Begrüßung per Handschlag von dem einen Mitarbeiter verweigert, was zu großer Irritation und Verwunderung führte.

»Das ist mir noch nie passiert«, entrüstete sich der Manager. »Das lasse ich mir nicht bieten!«

Ich bat ihn, die Situation im Augenblick nicht weiter eskalieren zu lassen, sondern mit seiner Präsentation zum Thema »Veränderung« zu beginnen. »Klären Sie das bitte später mit ihm. Jetzt und hier macht das wahrscheinlich wenig Sinn. Wir können beide auch gerne darüber sprechen, welchen Grund diese Reaktion haben könnte. Lassen Sie uns doch mit dem Workshop anfangen.«

Die Vorstellung durch die Führungskraft dauerte nicht lange. Sie endete – bestimmt gut gemeint – mit dem klassischen Satz, dass natürlich »seine Tür immer offen stehe«, wenn es Fragen gäbe.

Es war für mich keine große Überraschung, dass im Moment niemand eine Frage stellte. Es schien mir, dass der Manager hierüber auch nicht unglücklich war.

Als wir dann »unter uns« waren, ging es umso dynamischer weiter. In der Diskussion über den Veränderungsprozess wurde heftig und laut geschimpft: »Das bringt doch alles nichts! Lass mich mit dem Quatsch in Ruhe!«

»Es war doch immer gut. Warum soll das jetzt anders sein?«

»Sollen die doch machen, was sie wollen. Ich mache mein Ding wie bisher!«

»Nicht mit mir und nicht in meinem Bereich! Ich habe mich schon gegen andere Versuche von oben erfolgreich gewehrt!«

Es kamen aber auch besorgte Reaktionen: »Was wird nur kommen? Bin ich der Nächste, der entlassen wird?«

»Hoffentlich geht das gut!«

»Wie sollen wir das denn alles schaffen? Wir haben doch schon so viel zu tun!«

»Was sagen denn eure Führungskräfte zu euren Kommentaren zum Veränderungsprozess?«, wollte ich von den lautesten Sprachführern wissen.

»Die, die sagen entweder gar nichts oder jammern genauso wie wir!«

Das überraschte mich doch. »Die jammern mit euch?«, fragte ich nochmals ausdrücklich nach.

»Ja, klar. Wir hören von einigen, dass sie das Ganze auch nicht gut finden und dass sie uns gut verstehen können. Das hilft uns aber überhaupt nicht weiter. Die sollen unsere Fragen beantworten und uns erklären, warum wir das tun müssen und warum einige Kolleginnen und Kollegen gehen mussten!«

Ich lud die Teilnehmerinnen und Teilnehmer ein, mit dem Workshop zu beginnen. »Vielleicht findet ihr im Laufe des Workshops einige Antworten auf eure Fragen oder wir fassen eure dringendsten Themen zusammen und leiten sie dann an die Geschäftsleitung weiter«, schlug ich vor. »Lasst uns das Beste aus diesem Workshop machen.«

Ich erntete von fast allen ein zustimmendes Nicken. Von einem jedoch nicht. Ein Teilnehmer saß starr mit streng verschränkten Armen und grimmiger, düsterer Miene am Tisch. Es war der Teilnehmer, der mir zu Beginn den Handschlag verweigert hatte. Mein neuer »Lieblingsteilnehmer«.

»Ich habe doch schon gesagt, dass ich nicht mitmache. Ich werde jetzt bis 16.00 Uhr hier sitzen und dann gehe ich. Sprechen Sie mich auch nicht an. Ich will das alles nicht. Ich bin so sauer und verärgert!«

Da kann man halt nichts machen, dachte ich mir und startete mit dem Workshop.

In der ersten Pause wollte ich ihn aber doch darauf ansprechen. Er verbreitete durch seine Haltung eine sehr destruktive Stimmung und ich wollte vermeiden, dass alle anderen dadurch angesteckt würden.

Die erste Pause kam und ich nahm meinen »Lieblingsteilnehmer« zur Seite. »Wir müssen eine Verabredung treffen«, schlug ich ihm vor. »Ich kann niemanden zwingen, hier aktiv mitzuarbeiten. Ich kann es aber nicht zulassen, dass andere sich gestört fühlen, die mitmachen wollen. Können wir das verabreden? Außerdem würde mich sehr interessieren, woher diese ablehnende Haltung kommt. Vielleicht können wir im Laufe des Tages doch noch darüber reden.«

»Ich kann Ihnen sagen, warum ich so sauer bin«, entgegnete er sofort. Fast ein wenig traurig fuhr er fort: »Ich habe so viele Jahre an meinem Arbeitsplatz gearbeitet« und ergänzte mit breiter Brust und vollem Stolz:

»Ich habe die Firma mit aufgebaut. Wenn es Probleme gab, bin ich auch am Wochenende gekommen und habe mitgeholfen. Jetzt wird mein Arbeitsplatz stillgelegt und ich soll eine neue Funktion übernehmen. An einer neuen Maschine, mit neuen Kollegen, mit einem neuen Chef. Ich kenne die alle nicht. Der neue Chef kommt aus dem Ausland und spricht am liebsten englisch. Den alten kenne ich gut und er kennt mich und meine Arbeit. Seit vielen Jahren sind wir befreundet. Wir sind im gleichen Verein und treffen uns regelmäßig auch privat. Der musste jetzt frühzeitig in den Ruhestand gehen. Das finde ich ungerecht und ich verstehe überhaupt nicht, warum wir nicht so weitermachen wie bisher. Aber darüber spricht ja keiner mit mir.«

Diese Situation zeigt, welche emotionalen Reaktionen bei Mitarbeiterinnen und Mitarbeitern in Veränderungszeiten auftreten können. Führungskräfte sind dann besonders gefordert, auch auf die Emotionalität Rücksicht zu nehmen. Es ist keine sensationell neue Erkenntnis, dass Kommunikation in Zeiten von Veränderungen elementar ist. Eine erfahrene Führungskraft sagte einmal zu mir: »Reden Sie mit Ihren Mitarbeiterinnen und Mitarbeitern, selbst wenn es nichts zu sagen gibt!«

Anfangs habe ich diesen klugen Rat nicht verstanden. Reden, wenn es nichts zu sagen gibt? In verschiedenen Veränderungsprojekten zeigte sich aber, dass diese Strategie durchaus empfehlenswert ist. Neben der Vermittlung von aktuellen Informationen über den Stand eines Veränderungsprozesses bekomme ich als Führungskraft auch einen Eindruck davon, in welcher emotionalen Verfassung meine Mitarbeiterinnen und Mitarbeiter sind und wo ich sie »abholen« muss, damit sie diesen Prozess mitgehen wollen und können.

Zusätzlich empfiehlt es sich, aufzuzeigen, warum es überhaupt zu Veränderungen in Unternehmen kommt. Auch für die Mitarbeiterinnen und Mitarbeiter aus der oben geschilderter Situation war diese Erläuterung sehr hilfreich.

Veränderungen können aufgrund unterschiedlicher Einflüsse notwendig werden. Märkte können sich ändern, es entstehen neue oder andere Wettbewerbssituationen, Unternehmen folgen einer neuen Vision, oder aber die Politik schafft veränderte Rahmenbedingungen, auf die Firmen reagieren müssen. Die Förderung alternativer Energien und die Entscheidung zum Ausstieg aus der Atomenergie zeigen beispielhaft, welche zum Teil massi-

Führung in Zeiten von Veränderungen

ven Veränderungen durch eine politische Entscheidung bei traditionellen und über viele Jahre auch erfolgreichen Unternehmen entstehen können, bei denen Gegenmaßnahmen sehr schnell gestartet werden müssen.

Gleiches gilt für den immer schneller werdenden technologischen Fortschritt. Wer hier den Anschluss verpasst, geht enorme Risiken ein. Traditionelle Branchen hören in kurzer Zeit auf, zu existieren. Die zunehmende Digitalisierung wird viele Unternehmen vor neue Herausforderungen stellen.

Firmen antworten auf diese Herausforderungen oder Veränderungen üblicherweise mit einer angepassten Strategie. Eine neue Strategie hat häufig Auswirkungen auf die Strukturen im Unternehmen. Möglicherweise entsteht eine neue Matrix-Struktur oder eine bestehende wird angepasst. Es entstehen neue Zuständigkeiten und veränderte Abstimmungswege.

»Früher konnte ich den Willi anrufen. Den kannte ich und der durfte das entscheiden. Heute ist das anders. Ich weiß nicht, wer darüber alles entscheiden muss«, kommentierte in der oben beschriebenen Situation ein Teilnehmer die Herausforderungen einer neuen Struktur.

Strategie hat auch Auswirkungen auf die Kultur im Unternehmen. Die Werte eines Unternehmens sollen dabei Orientierung geben. Werte kann man auf Hochglanzfolien an die Wand schreiben, dadurch werden sie aber nicht gelebt und sind nicht lebendig.

Wie werden Werte sichtbar? Indem die Führung und die Mitarbeiterinnen und Mitarbeiter die Werte leben. In Zeiten von Veränderungen ist das Leben und Vorleben der Werte elementar wichtig.

Die Bewegungen, die aufgrund von Veränderungen in Unternehmen entstehen, lassen sich gut am Bild eines Mobiles darstellen. Wenn ich es an einer Stelle anstoße, bewegt sich das ganze System scheinbar unkontrolliert und es braucht eine gewisse Zeit, bis das Gleichgewicht wieder hergestellt ist.

Mit dieser Erläuterung, dass Veränderungen (hoffentlich) kein Selbstzweck sind, sondern eine verantwortungsbewusste Reaktion der Geschäftsleitung auf veränderte Rahmenbedingungen, zeigen Mitarbeiterinnen und Mitarbeiter eher ein erstes Verständnis und können den Grund für den Prozess besser nachvollziehen.

Wie geht es den meisten Menschen bei Veränderungen? Unsicherheit, Sorge, Ungewissheit ... Um diese Gefühle darzustellen und die Mitarbeiterinnen und Mitarbeiter auch emotional »abzuholen« können Führungskräfte das Bild der »vier Zimmer der Veränderung« einsetzen, das die jeweiligen Gefühlszustände sehr gut beschreibt. Diese Methode ermöglicht es mir, auf abwechslungsreiche Art und Weise zu betrachten, in welchem emotionalen Zustand sich meine Mitarbeiterinnen und Mitarbeiter befinden. Diese vier Zimmer tragen die Namen »Zufriedenheit«, »Leugnung«, »Konfusion« und »Erneuerung«.

Das Bild von den vier Zimmern zeigt außerdem denjenigen, die die Veränderung initiiert haben (in der Regel die Geschäftsleitung), dass gewisse emotionale Reaktionen zu der jeweiligen Phase der Veränderung gehören.

Stellen wir uns vor, es gibt keine oder noch keine Veränderung im Unternehmen. Der Prozess hat also noch gar nicht begonnen. Bildlich gesprochen sitzen wir im Zimmer der Zufriedenheit. Wie in einem gemütlichen Wohnzimmer. Wir sind zufrieden, alles hat seinen Platz. Wir kennen uns blind aus, alles ist vertraut, stabil und konstant. Der emotionale Zustand der Mitarbeiterinnen und Mitarbeiter entspricht der Bezeichnung des Zimmers: Zufriedenheit!

Ziel einer Veränderung ist es, einen neuen Zustand zu erreichen und bildlich gesprochen ins »Zimmer der Erneuerung« zu ziehen. Von der Geschäftsleitung, die den Veränderungsprozess häufig auf den Weg bringt, wird erwartet, dass dieser Umzug unverzüglich erfolgt. Leider bewegen wir uns aber nicht gerne direkt dorthin, denn im vorherigen Zimmer sind wir schließlich zufrieden. Warum soll sich daran etwas ändern? Wir wollen am Gewohnten und Bewährten festhalten.

Ein guter Freund erzählte mir einmal, dass er diese Phase sehr gut nachvollziehen kann. »Immer, wenn der neue Ikeakatalog herauskommt, gibt es bei uns zu Hause Veränderungen. Die alten Möbel, mit denen ich mich so wohlfühle, sind plötzlich nicht mehr schön genug. »Wenn wir die neuste Kollektion von Regalen, Lampen und sonstiger Deko-Artikel haben, wird es erst so richtig gemütlich«, meint meine »bessere Hälfte«. »Das sehe ich natürlich ganz anders und verstehe die »dringend anstehende Modernisierung« unserer Wohnung in keiner Weise.« Er erzählte mit einem leichten Lächeln im Gesicht und blinzelte dabei seine geliebte »bessere Hälfte« an.

Statt nun direkt ins »Zimmer der Erneuerung« zu ziehen, nehmen viele Mitarbeiterinnen und Mitarbeiter einen Umweg über andere Zimmer. Oft verschließen sie die Augen vor der Veränderung. Weggucken ist angesagt.

»Das wird schon nicht kommen. Kann doch gar nicht sein. Ohne mich! Da mache ich nicht mit! Das haben schon andere so oft versucht«, sind typische Reaktionen, wenn sie das nächste Zimmer, nämlich das »Zimmer der Leugnung« betreten. Dabei verschließen sie häufig die Augen für den dann bereits angelaufenen Prozess der Veränderung.

Mein neuer »Lieblingsteilnehmer« war gefühlsmäßig bestimmt in diesem Zimmer. Die Veränderung hatte er emotional noch nicht verarbeitet.

Wenn diese Mitarbeiterinnen und Mitarbeiter aber ihre Augen öffnen, befinden sie sich plötzlich im »Zimmer der Konfusion«. Es scheint alles so chaotisch und verwirrend zu sein. Die Veränderung ist in vollem Gange. Es gibt aber noch keine Routinen. Häufig empfinden die Mitarbeiterinnen und Mitarbeiter dann Frustration, Unsicherheit, Lähmung, Hilflosigkeit oder sogar Angst. Es fehlt ihnen immer noch die emotionale Akzeptanz der Veränderung.

Erst wenn die Phase der Konfusion durchlaufen ist, kommen sie im »Zimmer der Erneuerung« an. Hier entsteht neue Energie zum Aufbruch. Erste Zustimmung ist zu verspüren und Neugier auf das Neue. Die Mitarbeiterinnen und Mitarbeiter öffnen sich für die neue Situation, blicken nach vorne und starten mit ersten Aktivitäten. »Es muss ja weitergehen, schauen wir uns die neue Situation erst einmal an. Es ist doch nicht alles so schlecht«, sind typische Reaktionen.

Was ist aber der Grund dafür, dass sich viele Menschen mit Veränderungen so schwer tun? Der eigene emotionale Zustand spielt hier eine wichtige Rolle, denn wir Menschen sind gefühlsgesteuert. In unserem Gedächtnis sind alle Routineabläufe gespeichert. Durch tägliche Anwendung haben wir diese Abläufe automatisiert. Beim Autofahren zum Beispiel werden routinierte Fahrer eher selten darüber nachdenken, wann sie das Kupplungspedal treten und schalten oder dass sie beim Abbiegen den Blinker betätigen. All das läuft automatisch ab. Was passiert aber, wenn wir in England Urlaub machen und einen Ausflug mit einem Mietwagen unternehmen? Selbstverständlich beherrschen wir das Autofahren, aber durch den Linksverkehr ist doch einiges anders. Hier müssen wir uns darauf konzentrieren, wie beispielsweise zu schalten ist. Wir sind es nicht gewohnt, dass der Schalthebel plötzlich auf der »falschen« Seite ist. Das ist in unserem Gedächtnis anders gespeichert und unser Gehirn meldet: »Hier ist etwas nicht richtig. Das habe ich anders gespeichert oder anders gelernt.« Es sendet uns gut gemeinte Signale in Form von »Stressbotenstoffen«, die uns darauf aufmerksam machen sollen, dass hier etwas nicht stimmt. Das geschieht in bester Absicht, denn unser Gehirn will uns warnen, dass wir etwas Falsches tun, entgegen dem Gelernten und über einen langen Zeitraum erfolgreich Praktizierten. Das erzeugt ein Gefühl des Unwohlseins. Viele werden sich daran erinnern, welchen Stress es erzeugen kann, wenn man plötzlich auf der »falschen« Seite fahren muss. Ständig müssen wir überlegen, ob wir auch die »richtige« Straßenseite wählen, wenn wir links oder rechts abbiegen. Ständig meldet unser Gehirn, dass es doch etwas anderes gespeichert hat, als das, was wir tun.

Und dann kommt der erste Kreisverkehr: Jetzt ist der Stress im Gehirn besonders groß. Die unangenehmen Emotionen nehmen ständig zu und wollen uns davon abhalten, etwas Ungewohntes oder Unbekanntes zu tun.

Wie schön wäre es jetzt, wenn alles »normal« und wie gewohnt ablaufen würde.

Was bedeutet das nun für Unternehmen und ihre Führungskräfte? Auch bei den Mitarbeiterinnen und Mitarbeitern stellen sich negative Emotionen ein, wenn sie sich verändern sollen. Diese Emotionen können umso stärker auftreten, je weniger sie über den Grund und das Ziel der Veränderung wissen. Rationales Verständnis und damit auch konstruktives Mitarbeiten wird von den negativen Gefühlen mit »Stressbotenstoffen« und Unwohlsein überlagert.

Für Führungskräfte ist es wichtig, das zu beachten, damit sie ihre Mitarbeiterinnen und Mitarbeiter emotional »abholen« können. Häufig zu beobachtende Ablehnung oder Zorn gegen die Veränderung ist emotional erklärbar.

Die Beteiligten eines Veränderungsprozesses durchlaufen die emotionalen Phasen in den vier Zimmern unterschiedlich schnell. Bei einer Veränderung innerhalb eines Bereichs oder einer Abteilung durchlebt der größere Teil des Teams die emotionalen Phasen meist gemeinsam. Oft ist aber zu beobachten, dass einzelne Mitarbeiterinnen und Mitarbeiter bei gleicher Betroffenheit die einzelnen Phasen anders erleben als ihre Kolleginnen oder Kollegen. Manche durchlaufen die Phasen in Höchstgeschwindigkeit, andere eher langsam. Führungskräfte müssen daher jeden Einzelnen beobachten und einschätzen, wo er sich gerade befindet. Mit einer Person im »Zimmer der Konfusion« ist natürlich anders umzugehen als mit jemandem, der noch im »Zimmer der Zufriedenheit« steckt.

Im »Zimmer der Konfusion« sollten Führungskräfte ihren Mitarbeiterinnen und Mitarbeitern möglichst wenig Zeit zum »Aufenthalt« lassen, weil das in dieser Phase Angst, Lähmung und Orientierungslosigkeit erzeugt. Führungskräfte sollten ihr Team dadurch unterstützen, dass sie klar kommunizieren, wie der Stand der Veränderung ist, wie der Zielzustand aussieht und wann er erreicht ist.

Auch erleben Mitarbeiterinnen und Mitarbeiter die Veränderung ungleich intensiv. Sie sind von Veränderungen oftmals unterschiedlich betroffen. Während der eine »nur« einen neuen Vorgesetzten bekommt, muss der andere seine Tätigkeit vollkommen verändern, weil er in einem neuen Bereich eingesetzt wird. Dementsprechend werden die emotionalen Phasen stärker oder weniger stark erlebt. Hinzu kommt, dass manche in der Vergangenheit schon Erfahrungen mit Veränderungen gemacht haben. Wenn diese schlecht waren und mit negativen Auswirkungen in Verbindung gebracht werden, werden sie im aktuellen Prozess in Erinnerung gerufen. Die Bereitschaft zur Veränderung wird dadurch massiv behindert. Da Führungskräfte nicht alle diese Hintergründe bei den Mitarbeiterinnen und Mitarbeiter kennen, sind emotionale Reaktionen Einzelner manchmal schwer nachzuvollziehen.

Ebenso können Beteiligte des Veränderungsprozesses zwischen den »Zimmern« hin und her springen. Gestern war eine Person vielleicht noch im »Zimmer der Konfusion« und am nächsten Tag bewegt sie sich zurück ins »Zimmer der Leugnung«. Dieser plötzliche Rückschritt kann für Führungskräfte sehr überraschend sein.

Auch die Verweildauer in den einzelnen Zimmern kann unterschiedlich lang sein. Die Geschäftsführung zum Beispiel, die eine Veränderung gestaltet, beschlossen und initiiert hat, wird natürlich kaum Widerstand gegen den Prozess zeigen und unverzüglich den emotionalen Zustand des »Zimmers der Erneuerung« einnehmen und dabei die anderen Zimmer überspringen. Schließlich will man so schnell wie möglich dorthin und ist von dem zukünftigen Zustand überzeugt.

Die Hierarchieebene unterhalb der Geschäftsführung, das mittlere Management, erfährt erst zeitversetzt von dem Prozess. Da es an dem Prozess selber nicht mitgewirkt hat und erst später oder auch gar nicht mit eingebunden wurde, wird es wahrscheinlich alle emotionalen Phasen durchlaufen und alle »Zimmer« »besuchen«. Die Mitarbeiterinnen und Mitarbeiter der unteren Hierarchieebenen erfahren häufig zuletzt vom Veränderungsprozess. Es ist schon alles entschieden und mit der Umsetzung wurde bereits begonnen. Oftmals werden sie nicht gefragt oder mit einbezogen. Sie fühlen sich dann besonders fremdbestimmt und die Veränderung wird als besonders unangenehm empfunden. Darum wird ihr »Aufenthalt« besonders in den »Zimmern der Zufriedenheit, Leugnung und Konfusion« oft länger ausfallen.

Während die oberste Führungsebene aber schon lange im »Zimmer der Erneuerung« ist, das mittlere Management sich zumindest langsam darauf zu bewegt, sind viele Mitarbeiterinnen und Mitarbeiter davon emotional noch weit entfernt. Die Geschäftsleitung und die nächsten Führungsebenen wundern sich dann, warum der Veränderungsprozess so zäh verläuft. Sie können die emotionalen Phasen oft nicht nachvollziehen.

In Zeiten von Veränderungen benötigen die Mitarbeiterinnen und Mitarbeiter daher besonders intensive Aufmerksamkeit und Führung. Sie brauchen ihre »Chefin« oder ihren »Chef« als Ansprechpartner, die oder der ihnen Auskunft geben kann, für Orientierung sorgt und sie auch emotional versteht und unterstützt.

Der Workshop mit meinem neuen »Lieblingsteilnehmer« verlief im Übrigen sehr konstruktiv. Die Teilnehmer erkannten sich in den einzelnen »Zimmern der Veränderung« sehr gut wieder. Sie drückten ihre Gedanken, Gefühle und Sorgen aus, die sie in den einzelnen Phasen bei sich erkennen konnten. Daraus wurden konstruktive Rückmeldungen an die Vorgesetzten beziehungsweise an die Geschäftsleitung formuliert, die ich im Anschluss an die Veranstaltung vortrug. Das Feedback wurde aufgenommen und es wurde entsprechend darauf reagiert. So wurde die Kommunikation durch Intranet, Firmenzeitschrift, Betriebsversammlungen und Regelkommunikation in den Teams intensiviert.

Mein »Lieblingsteilnehmer« brachte sich im Laufe des Workshops inhaltlich doch noch ein, indem er von seinen Erfahrungen im Umgang mit Veränderungen aus der Vergangenheit berichtete. Er blieb auch bis zum Schluss der Veranstaltung und verabschiedete sich mit einem leichten Grinsen von mir. Die Hand hat er mir aber nicht geschüttelt.

»Handfest zusammengefasst«

In Zeiten von Veränderungen ist Kommunikation zwischen Führung und Mitarbeiterinnen und Mitarbeitern von elementarer Bedeutung. Der Grund und die Ursache, die Konsequenzen, der aktuelle Status und das Ziel des Veränderungsprozesses müssen aktiv transparent gemacht werden. Besonders die Ziele sollten klar, eindeutig und realistisch formuliert sein. Meilensteine bis zur Zielerreichung helfen, den manchmal langen Weg in einzelne Etappen zu unterteilen. Das erlaubt es, den Prozess »Schritt für Schritt« anzugehen und sorgt für kurzfristige Erfolge, die wiederum stark motivierend wirken.

Die Kommunikation durch die Führungskräfte sollte möglichst unmittelbar erfolgen. Das gilt sowohl für positive als auch für negative Nachrichten. Es ist nicht zu unterschätzen, welche Informationen in die Belegschaft gelangen und mit welcher Geschwindigkeit das passieren kann. Selbst vertrauliche Neuigkeiten sind den Mitarbeiterinnen und Mitarbeitern oft eher bekannt, als dem direkten Vorgesetzten. Um glaubwürdig zu bleiben und Misstrauen zu vermeiden müssen Führungskräfte Neuigkeiten daher unverzüglich weitergeben. Mitarbeiterinnen und Mitarbeiter sollten das auch einfordern.

Streng vertrauliche Informationen sollten tatsächlich auch streng vertraulich behandelt werden. Das ist auch so zu kommunizieren. Ein ernst gemeintes Versprechen, dass das Team die Information aber unverzüglich erhalten wird, sobald sie kommuniziert werden darf, schafft zusätzliches Vertrauen. Die Informationen müssen dann aber auch kommen.

Standardfloskeln und Worthülsen sind unbedingt zu vermeiden.

Führungskräfte sollten präsent sein. Es reicht nicht, sich darauf zu verlassen, dass die Mitarbeiterinnen und Mitarbeiter bei Problemen schon durch die »stets offene Tür« kommen. Oft kommt keiner! Vielmehr sollten die Führungskräfte im Veränderungsprozess auf die Beteiligten zugehen und mit ihnen reden. Denn durch kontinuierliche Gespräche bekommen die Mitarbeiterinnen und Mitarbeiter die Gelegenheit und trauen sich auch, Fragen zu stellen und eventuelle Sorgen und Ängste zu äußern. Gleichzeitig bekommen Führungskräfte ein Gefühl dafür, wo der Einzelne oder das gesamte Team emotional steht und »abgeholt« werden muss, um die einzelnen Phasen des Veränderungsprozesses erfolgreich zu durchschreiten. Wenn Sie den Menschen in die Augen schauen, bekommen Sie sehr schnell ein Gespür für die Situation.

Eine wertvolle Rückmeldung für Führungskräfte stellt dabei das Feedback von ihren Mitarbeiterinnen und Mitarbeitern dar. Dieses sollten Sie aktiv einfordern. Auch wenn das Feedback aufgrund des Gefälles in der Hierarchie manchmal als ein eher »taktisches Feedback« formuliert wird, bekommen Sie trotzdem ein Gespür dafür, wie Ihre Führung ankommt und wie die Stimmung zum Veränderungsprozess ist.

Führung in Zeiten von Veränderungen 2

Bei gefühlten oder direkt geäußerten Widerständen gegen den Veränderungsprozess sollten Führungskräfte diese Widerstände nicht persönlich nehmen, sondern das Gespräch suchen und hierauf eingehen. Besonnenheit ist hierbei angezeigt, denn der Widerstand richtet sich selten gegen die Führungskraft als Person, sondern kann neben den emotionalen Aspekten (»vier Zimmer der Veränderung«) durch schlechte Erfahrungen oder mangelnde Informationen begründet sein. Auch können Beobachtungen anderer dabei helfen, mehr zu erfahren, was die einzelnen Beteiligten bewegt.

Sollten mehrere Personen oder komplette Teams massive Widerstände zeigen, empfiehlt es sich, diesen Umstand unbedingt zu thematisieren und zum Beispiel in Einzelgesprächen und/oder Workshops daran zu arbeiten. Das ist gut investierte Zeit, denn nur wenn die Phase der Widerstände und Konflikte konstruktiv und professionell durchlaufen wird, hat eine Veränderung eine realistische Chance, erfolgreich und nachhaltig umgesetzt zu werden. Führungskräfte sollten dabei aber auch deutlich machen, dass die Veränderung beschlossen und professionell umzusetzen ist, und aufzeigen, was beeinflussbar ist und was nicht. Es muss jedoch konsequent vorgelebt werden und die Führung muss sich dabei ihrer Vorbildfunktion bewusst sein. Selbst bei kleinen Aktionen gilt es, zu zeigen und vorzuleben, dass die Veränderungen umgesetzt werden.

»Früher war alles besser«, ist eine oft geäußerte Kritik in Veränderungsprozessen. Hilfreich kann es aber durchaus sein, wenn Erfolge aus der Vergangenheit gewürdigt werden. Das schafft Mut, gibt Energie und hilft beim Abschied von lieb gewonnen Gewohnheiten.

Situationen aus der Vergangenheit sollten aber auch nicht schöngeredet werden. Das wirkt eher unglaubwürdig und gefährdet dadurch das Vertrauen.

3 Zusammenarbeit

3.1 Teamarbeit und Teamdynamik

»Elf Freunde sollt ihr sein«
Team: »Toll, ein anderer macht's!« So lautet eine bekannte, etwas bösartige Formulierung für die Zusammenarbeit von Mitarbeiterinnen und Mitarbeitern in Arbeitsgruppen. Im beruflichen, aber auch im privaten Umfeld treffen wir immer wieder auf Teams beziehungsweise auf Teamarbeit. Dabei kann ich sowohl Mitglied eines Teams sein oder ein Team als Teamleiter führen. Aber was macht eigentlich ein Team aus? Wann spreche ich von einem Team und was kennzeichnet ein gutes Team?

Denken Sie einmal an eigene Erfahrungen oder Beobachtungen anderer Teams, gerne auch an nicht berufliche Teams, z. B. Sportmannschaften. Was sind die Erfolgskriterien dieser Teams? Wenn wir darüber nachdenken, stellen wir fest, dass bei einem Sportteam alle Spieler das gleiche Ziel verfolgen. Sie wollen nämlich das Spiel gewinnen. Dafür müssen sie ihre Einzelleistungen möglichst optimal miteinander koordinieren. Eine gute Fußballmannschaft besteht eben nicht nur aus Stürmern. Mögen diese noch so gut sein, ohne Torwart und Abwehr lässt sich ein Spiel nicht gewinnen. Die Rolle eines jeden Einzelnen ist wichtig und muss im Team bekannt sein, damit das Zusammenspiel klappt. Zusätzlich benötigt eine Mannschaft einen Trainer, der die Taktik vorgibt, also die Methode und Vorgehensweise, wie im Team gearbeitet wird. Er muss auch dafür sorgen, dass die Mannschaft möglichst kontinuierlich gute Leistungen bringt. In der Realität ist aber zu beobachten, dass die meisten Teams hin und wieder zu Formschwankungen neigen. Eine Ursache hierfür können interne Querelen sein. Sie müssen aufgelöst werden, damit das Team weiter Höchstleistungen erzielen kann.

»Elf Freunde sollt ihr sein«, funktioniert eben auch im Fußball nicht. Dem ehemaligen Bundestrainer der Fußballnationalmannschaft, Sepp Herberger, der 1954 mit seinem Team Fußballweltmeister wurde, wird dieses Zitat zugesprochen. Diese Einstellung hat er wohl auch von seinem Team eingefordert. Aber auch damals soll es schon nicht funktioniert haben.

Im beruflichen Kontext bildet sich ein Team aus den Mitarbeiterinnen und Mitarbeitern. Aber gehört tatsächlich jeder zum Team, mit dem Sie zusammenarbeiten? Was verbindet ein Team? Haben alle das gleiche Ziel vor Augen und »spielen nach den gleichen Regeln«? Was passiert, wenn ein Teammitglied die »Spielregeln« der Zusammenarbeit anders interpretiert?

Die folgende Situation zeigt, welche Stimmungen in Teams aufkommen können, obwohl doch eigentlich alle das Gleiche wollen. Welche Rolle muss ich als Teamleiter oder Führungskraft einnehmen und was ist zu tun, wenn eine Person »so ganz anders ist«?

Ein neues Team wurde zusammengestellt. Elf sowohl junge als auch erfahrene Mitarbeiterinnen und Mitarbeiter stellten mein neues Team dar. Wir sollten uns um Projekte in neu zu erschließenden Märkten kümmern. Zum Teil kannten sich die Teammitglieder schon aus früheren gemeinsamen Projekten. Drei Personen waren jedoch neu. Die Aufgabe, die das Team übernehmen sollte, klang sehr spannend – neue Produkte, neue Märkte, Vertrauen durch die Geschäftsleitung: gute Voraussetzungen für das neue Team, das ich als Teamleiter führen durfte. Akribisch bereitete ich meine »Antrittsrede« zum ersten Teammeeting vor. Zum Start unserer Zusammenarbeit wollte ich klarstellen, was für mich Teamarbeit ausmacht.

»Mir ist es sehr wichtig, dass wir als Team gut zusammenarbeiten«, begann ich meinen ersten Auftritt vor dem Team. Ich wollte, dass alle von Anfang an wissen, dass ich mir ein kollegiales, freundschaftliches Verhältnis untereinander wünschte. »Die Qualität unserer Arbeit steht für mich in einem direkten Zusammenhang mit der Art und Weise, wie wir miteinander umgehen. Wir können uns unseren Arbeitstag selber so gestalten, dass die Zeit, die wir gemeinsam im Büro verbringen, angenehm und gleichzeitig produktiv ist. Dazu gehört für mich auch ein freundlicher und offener Umgangston. Wenn es Probleme geben sollte, sprecht sie bitte sofort und direkt an. Ich wünsche mir weiterhin, dass jeder dazu bereit ist, den anderen zu unterstützen. Wenn eine Kollegin oder ein Kollege mehr Arbeit hat als der andere, sollte jeder bereit sein, mitzuhelfen. Es darf nicht passieren, dass eine Person sich früh am Nachmittag in den Feierabend verabschiedet und die Kollegin oder der Kollege noch bis zum späten Abend weiterarbeiten muss, weil zu viel zu tun ist. Gegenseitige Hilfsbereitschaft und Unterstützung machen ein gutes Team aus.«

Einige Teammitglieder schauten begeistert und nickten kräftig, um ihre Zustimmung zu zeigen. Andere blickten eher etwas skeptisch.

Waren diese Wünsche vielleicht zu naiv?, überlegte ich später. Ich war aber zu Beginn wirklich euphorisch und fuhr weiter fort: »Ich bin mir sicher, dass wir ein tolles und erfolgreiches Team werden. Vielleicht können wir auch einmal am Abend zusammen etwas unternehmen.«

Meine Euphorie schien sich auf das Team zu übertragen. Im Anschluss an die erste Teamsitzung wurde rege weiterdiskutiert, wie wir die Zusammenarbeit – natürlich ohne die Aufgaben und Ziele aus den Augen zu verlieren – so angenehm wie möglich gestalten konnten. Schnell kamen auch die ersten Pläne für die Gestaltung der Pausen und der Zeit nach dem Feierabend und am Wochenende auf. »Wir verbringen unsere Kaffeepausen möglichst immer gemeinsam«, schlug eine Mitarbeiterin vor. »Dann können wir uns immer über aktuelle Themen informieren und jeder weiß, was der andere gerade macht.«

»Ja, und gerne auch die Mittagspausen. Dann haben wir noch mehr Zeit und lernen uns auch noch besser kennen«, ergänzte ein junger Mitarbeiter. Die Vorschläge überschlugen sich. Vom gemeinsamen Bowlen, Grillen im Garten eines Mitarbeiters bis hin zum Bier nach dem Feierabend: Für jeden war etwas dabei. Ein Mitarbeiter verhielt sich allerdings eher etwas zurückhaltend beim »kreativen Prozess« der Pausen- und Freizeitgestaltung. Das fiel mir aber nicht gleich auf.

Das Team startete mit viel Elan und die Pausen wurden gemeinsam zelebriert. Ich war sehr zufrieden, hatte ich doch scheinbar schnell erreicht, was ich mir unter einem optimalen Klima im Team erhofft hatte.

Lange hielt diese Hochstimmung allerdings nicht an. Nach einiger Zeit vernahm ich erste Unmutsäußerungen. »Warum geht der Kollege U. eigentlich nicht mit zur Pause? Wir sollen doch ein Team sein. Wird doch von uns erwartet«, wurde in den einzelnen Büros diskutiert.

»Hält der sich für etwas Besseres? Das müsste der Chef ihm mal sagen«, beklagten andere Mitarbeiterinnen und Mitarbeiter.

Ich gebe zu, dass ich diese Rückmeldungen nicht hören wollte und »duckte« mich weg, wenn solche Verstimmungen hochkamen und ich nicht direkt angesprochen wurde. Eines Tages war es dann aber doch soweit. Vor meinem Schreibtisch bauten sich drei Teammitglieder auf und baten um ein dringendes Gespräch.

»So geht das nicht weiter«, entrüsteten sie sich. »Wir sollen doch ein Team sein, das sich kollegial und freundschaftlich verhalten soll.« In diesem Moment musste ich wieder an die elf Freunde von Sepp Herberger denken.

»Die meisten von uns verstehen sich blendend. Wir haben uns sogar schon am Wochenende mit unseren Familien getroffen«, berichtete einer der drei, die sich als Delegation des Teams verstanden.

»Aber einer ist nie dabei: der Kollege U. Er zeigt überhaupt kein Interesse an unserer Teamgemeinschaft. Er sagt immer ab. Seine Mittagspausen verbringt er auch nur allein. Er verbreitet schlechte Stimmung und verleitet andere dazu, abzusagen. »Wenn der das macht, darf ich das auch«, hören wir im Team. Die machen dann auch nur noch ihre eigenen Sachen und verabschieden sich pünktlich in den Feierabend. Und das, obwohl wir gerade so viel zu tun haben. So haben wir uns das nicht vorgestellt.«

»Sie müssen das dem Kollegen U. einmal sagen«, wurde ich einstimmig und unmissverständlich von den Dreien zum Handeln aufgefordert.

Der erste Konflikt im Team war da. Nun musste ich handeln. Es war mir schon aufgefallen, dass Kollege U. sich etwas absonderte. Gehört hatte ich schließlich auch schon davon. Was könnte wohl der Grund sein? Wie spreche ich das Thema an? Neben der Verstimmung im Team machte ich mir größere Sorgen wegen der aufkeimenden Konflikte. Wir hatten eine sehr spannende, aber auch sehr herausfordernde Aufgabe übernommen und ich befürchtete, dass die Qualität und die Leistung darunter leiden konnten. Erste Anzeichen dafür waren, dass die Kommunikation zwischen einzelnen Teammitgliedern nicht mehr so reibungslos funktionierte wie noch

Teamarbeit und Teamdynamik 3

zu Beginn. Die gegenseitige Unterstützung schien ebenfalls nachzulassen und ich befürchtete, dass sich zwei Lager bilden könnten. Die eine Gruppe, die sich mit Familien am Wochenende zur gemeinsamen Gartenparty trifft, und die andere, die ihren »Dienst nach Vorschrift« im Büro erledigt.

Ich bat Herrn U. zum Gespräch und trug mein Anliegen beziehungsweise das Anliegen des Teams mit einem unguten Gefühl vor. »Schön, dass Sie kommen konnten«, begrüßte ich Herrn U., der mich fragend ansah.

»Ja, was gibt es denn?«, fragte er.

»Nun ja, äh, also ...«, stammelte ich. »Ich wollte Sie fragen, wie es Ihnen im Team gefällt«, wand ich mich am eigentlichen Kern des Themas vorbei.

»Warum fragen Sie mich das?«, erwiderte er erstaunt, ja fast entrüstet.

»Nun ja«, druckste ich weiter. »Ich habe das Gefühl, dass Sie sich vielleicht nicht an allen Gemeinsamkeiten des Teams beteiligen, aber vielleicht sehe ich das auch nicht richtig«, stotterte ich herum.

Nun sah Herr U. mich völlig verwundert an. »Was genau meinen Sie?«, fragte er dann deutlich nach.

Aus dieser Ecke kam ich nicht mehr heraus. Ich erzählte ihm, was mir die drei anderen Teammitglieder vorgetragen hatten.

Herr U. reagierte empört. »Ich befolge alle Regeln, die Sie für die Zusammenarbeit im Team aufgestellt haben. Ich verhalte mich kollegial, ich unterstütze andere bei der Arbeit und helfe immer gerne, wenn ich gefragt werde. Was wollen Sie von mir?«, fragte er schulterzuckend und kopfschüttelnd.

»Die Kolleginnen und Kollegen vermissen Sie aber bei den gemeinsamen Aktionen und »Teamevents«. Sie gehen immer alleine zur Pause, nicht mit den anderen. Sie nehmen an keinem Treffen nach Feierabend teil. Beim gemeinsamen Grillen hat man Sie auch noch nicht gesehen«, entfuhr es mir.

Herr U. blickte mich verwirrt an. »Das können Sie mir nicht vorwerfen«. Entrüstet fuhr er fort: »Ich habe nichts gegen meine Kolleginnen und Kollegen. Ganz im Gegenteil! Ich finde sie sehr nett und verstehe mich auch gut mit ihnen. Das heißt aber nicht, dass ich jede freie Minute mit ihnen verbringen muss. Das können Sie nicht verlangen. Ich brauche in den Pausen Zeit und Ruhe für mich und gehe deshalb lieber alleine zum Essen. Nach Feierabend möchte ich die Zeit mit meiner Familie und meinen Freunden verbringen. Das steht mir zu und hat nichts mit dem Verhältnis zu den anderen Teammitgliedern zu tun. Bitte sagen Sie das dem Team, wenn man sich über mich beschwert hat!«

Für die weitere Zusammenarbeit im Team war es unumgänglich, dass dieser schwelende Konflikt gelöst wurde. In verschiedenen Teamsitzungen sprachen wir über die gegenseitigen Erwartungen an die Zusammenarbeit. Besonders die unausgesprochenen Erwartungen sind bekanntlich ein wunderbarer Nährboden für Konflikte. Warum aber ist es so wichtig, Konflikte in einem Team so schnell wie möglich und auch allumfassend zu lösen? Die Frage lässt sich gut am Modell der Teamphasen beantworten. Dieses Modell, das von dem amerikanischen Psychologen Bruce Tuckman[11] entwickelt wurde, beschreibt vier verschiedene Phasen, die jedes Team durchläuft.

Die erste Phase wird die Forming- oder auch Orientierungsphase genannt. In ihr lernt man sich, den Teamleiter und die Aufgaben kennen. Anfangs sind die Teammitglieder noch etwas verhalten und vorsichtig. »Schließlich kennt man sich noch nicht richtig«, wird dieses Verhalten oft umschrieben. Das gilt übrigens auch für routinierte Teams, die sich schon kennen, aber eine neue Aufgabe bekommen, oder für Teams, bei denen ein neues Teammitglied dazustößt.

Das wichtigste Ziel in dieser Phase ist es, die Annäherung der Teammitglieder und die Entwicklung eines Wirgefühls zu unterstützen. Teamleiter sollten in dieser Phase die Kommunikation und den Austausch untereinander fördern und als Vorbilder mit gutem Beispiel vorangehen. Klare Aussagen

---

11 Tuckman, Developmental sequence in small groups, in Psychological Bulletin 63, 1965/6, S. 384–399.

zur Aufgabe, zur Zielrichtung und zur Art und Weise der Zusammenarbeit im Team helfen bei der Orientierung. Gerade zu Beginn einer Teamarbeit empfiehlt es sich daher, kontinuierliche Teambesprechungen durchzuführen, um Transparenz hinsichtlich der Aufgaben und Verantwortungen sicherzustellen. Damit wird auch der Grundstein für eine konstruktive Kommunikations- und Feedbackkultur gelegt.

Selbstverständlich sollten sich diese Besprechungen nicht in »Kaffeekränzchen« verwandeln, bei denen über alles Mögliche, nur nicht über das Team mit seinen Aufgaben und seinem Verhalten gesprochen wird. Daher müssen diese Besprechungen eine klare Struktur mit Zielen etc. aufweisen. In Kapitel 3.2 werden wir diesen Punkt noch genauer betrachten.

Auf die Phase des »Forming« folgt die Phase des »Storming«. Wie die Bezeichnung dieser Phase schon suggeriert, kann es hier zu Meinungsverschiedenheiten, Auseinandersetzungen, kleinen Machtkämpfen oder Konflikten kommen. Das ist absolut typisch. Mittlerweile kennt man sich im Team und ist daher eher dazu bereit oder mutig genug, eigene Meinungen zu vertreten und Ansprüche zu formulieren. Oft entstehen dann Konkurrenzkämpfe. Andere Teammitglieder werden kritisiert, wenn sie die Erwartungen hinsichtlich des Verhaltens und der Leistung nicht erfüllen. Auch die Aufgabe und das zu erreichende Ziel können in die Kritik geraten, wenn nicht alles so läuft, wie sich die Teammitglieder das vorgestellt oder gewünscht haben.

In der oben beschriebenen Situation war es das Verhalten von Herrn U., das stark kritisiert wurde. Die Erwartungen an ein Verhalten können bei einzelnen Personen oder bei kleineren Gruppen innerhalb des Teams liegen. Dabei besteht die Gefahr, dass sich das Team nicht mehr als eine Einheit sieht und sich kleinere konkurrierende Gruppen innerhalb des Teams bilden. Spätestens dann sind es keine elf Freunde mehr.

Diese Phase muss unbedingt erfolgreich durchlaufen werden, damit das Team überhaupt produktiv arbeiten kann. Erfolgreich durchlaufen bedeutet in diesem Zusammenhang, dass Spannungen, die in dieser Phase auftreten, aktiv begegnet werden muss. Wenn Teamleiter drohende oder bereits bestehende Konflikte nicht erkennen und nicht entsprechend intervenieren, besteht das große Risiko, dass die Qualität der Arbeit stark leidet. Leider zeigt die Praxis, dass vielen Teamleitern entweder die Aufmerksamkeit hierfür fehlt oder dass sie sich nicht die Zeit nehmen, Konflikte konstruktiv zu lösen. Teamleiter begehen dann den Fehler, dass sie diese Phase schnell überspringen möchten, um so bald wie möglich ihr eigentliches Ziel zu erreichen. Die Probleme tauchen dann aber später und unerwartet wieder auf und wirken sich noch störender aus. Teamleiter sind also gefordert, Meinungsverschiedenheiten und Konflikte konstruktiv und respektvoll zu lösen und bei einem beobachteten Fehlverhalten ein konstruktives Feedback zu geben.

Es geht auch hier nicht darum, eine »Kuschelatmosphäre« zu erzeugen. Aber eine konstruktive, konfliktfreie Zusammenarbeit stellt die Basis jedes Teamerfolgs dar.

Die dritte Phase wird nach B. Tuck als »Norming-Phase« bezeichnet. Nach der Klärung aller Meinungsverschiedenheiten und Konflikte stabilisiert sich das Team. Das Ziel ist es, dass alle Beteiligten wieder gemeinsam in eine Richtung arbeiten. Dafür ist es notwendig, gemeinsam Regeln und Vereinbarungen zu treffen. Dazu gehört auch, dass Aufgaben, Verantwortlichkeiten und Entscheidungsbefugnisse transparent gemacht werden. Hierdurch wird gegenseitige Unterstützung gefördert und Konkurrenzdenken abgebaut.

Der Teamleiter muss für diese Transparenz sorgen und gemeinsam mit dem Team die »Spielregeln« für den Umgang miteinander neu definieren und für alle als verbindlich einfordern. Er ist auch in der Pflicht, dafür zu sorgen, dass diese Regeln eingehalten und gelebt werden. Mehr und mehr kann er dann in die Rolle eines Teamleiters mit »Coaching-Funktion« wechseln, statt dauerhaft detaillierte Vorgaben machen zu müssen. Dabei bedeutet Coaching-Funktion, dass er zum Beispiel das Team in Entscheidungsfragen mit einbezieht.

»In der vierten Phase kann dann hoffentlich richtig gearbeitet werden«, formulierte einmal ein Seminarteilnehmer sehr treffend. Diese Phase wird als »Performing-Phase« bezeichnet. Die Regeln der Zusammenarbeit sind aufgestellt, die gegenseitigen Erwartungen sind geklärt und eine einheitliche Zielrichtung ist vorgegeben. Die individuellen Stärken eines jeden Teammitglieds sind bekannt und werden geschätzt und genutzt. Die Teammitglieder unterstützen sich gegenseitig und alle zeigen hohen Einsatz.

Eventuell aufkommende Spannungen oder Verstimmungen werden unmittelbar und direkt angesprochen und konstruktiv geklärt. Das Team ist also »arbeitsfähig« und sein vorrangiges Ziel besteht in der konstruktiven und kooperativen Aufgabenbewältigung.

Teamleiter können sich in dieser Phase etwas zurücknehmen und eine moderierende Funktion einnehmen. Sie beobachten den Fortschritt der Zielerreichung, steuern die regelmäßige Kommunikation, vertreten das Team nach außen und geben Lob und Anerkennung. Einzelne Teammitglieder lassen sich in dieser Phase in ihren Kompetenzen individuell gut weiterentwickeln. Somit nimmt der Teamleiter auch die Rolle des »ersten Personalentwicklers vor Ort« ein.

Das heißt aber nicht unbedingt, dass bis zur Zielerreichung alles reibungslos verläuft. Ein Team kann durchaus unvermittelt in die Storming-Phase zurückfallen. Teamleiter sollten daher einen kontinuierlichen Dialog sicherstellen, Zwischenbilanz ziehen und Erfolge auch feiern.

Besonders der letzte Punkt, also das Feiern von Erfolgen, kommt in der Praxis oft zu kurz. Ein Projekt wurde erfolgreich abgeschlossen und schon geht es umgehend an die nächsten Aufgaben. Zum Feiern fehlt die Zeit. Aber gerade das stellt eine gewisse Belohnung und Anerkennung für die erbrachte Leistung dar. Außerdem ist es ein zusätzlicher Anreiz für weiteres Engagement bei den kommenden Aufgaben. Dabei muss die Feier nicht im Sternerestaurant mit edlen Getränken zelebriert werden. Es reicht vollkommen aus, wenn sich das gesamte Team in einem angemessenen Rahmen trifft.

> **»Handfest zusammengefasst«** !
> Für Teamleiter ist es entscheidend, dass sie erkennen, in welcher Phase sich ihr Team befindet. Die Art der Unterstützung beziehungsweise der Stil der Teamführung muss zur jeweiligen Phase passen.

Besonders in der Storming-Phase muss ich als Teamleiter meine ganze Aufmerksamkeit darauf richten, diese Phase erfolgreich zu durchlaufen.
In der ersten Phase, der Forming-Phase, geht es darum, Orientierung und Struktur zu schaffen. Ich sollte viel mit dem Team kommunizieren, Ziele erläutern, Kompetenz zeigen und auch für eine angenehme, angstfreie Atmosphäre sorgen. Die anfängliche Zurückhaltung einzelner Teammitglieder ist durchaus normal und sollte akzeptiert werden.
In der Storming-Phase können Konflikte offen oder verdeckt ablaufen. Als Teamleiter muss ich alle Vorgänge, die die Zusammenarbeit im Team beeinträchtigen, klar und deutlich ansprechen. Alle Konflikte müssen offen und fair ausgetragen werden. Als Teamleiter muss ich für den nötigen Rahmen sorgen, in dem Auseinandersetzungen konstruktiv gelöst werden können.
Auch Teamleiter können in dieser Phase ausgetestet werden, indem zum Beispiel ihre Kompetenz oder die Möglichkeit der Zielerreichung angezweifelt wird. Hier gilt es, ruhig und gelassen zu bleiben und sachlich zu argumentieren.
In der Storming-Phase ist es hilfreich, eine Kultur im Team zu entwickeln, die konstruktives Feedback zulässt. Hierzu kann es hilfreich oder auch notwendig sein, dem Team die Fähigkeiten hierfür zu vermitteln. Die Art und Weise, wie ich konstruktiv Feedback geben kann, wird in Kapitel 2.6 näher beschrieben.
In der Norming-Phase entsteht ein Klima gegenseitiger Akzeptanz. Die Teammitglieder haben ihre Positionen in der Gruppe gefunden und alle Konflikte wurden durch klärende Gespräche gelöst. Als Teamleiter sollte ich die Dynamik im Team beobachten und kontinuierlich auf die Kultur des konstruktiven Feedbacks und der konstruktiven Konfliktbewältigung hinweisen.
Die Stimmung im Team ist sehr viel angenehmer und für den Teamleiter ist es nun verlockend, selbst ein integriertes Teammitglied zu werden. Aber Achtung: Die Leitungsaufgaben dürfen nicht vergessen werden. Außerdem empfiehlt es sich, klar zwischen den Aufgaben und der Verantwortung von Teammitgliedern und Teamleitern zu unterscheiden.
Wenn das Team die Performing-Phase erreicht hat, arbeitet es weitgehend selbstständig. Es identifiziert sich mit den Aufgaben, steckt alle Energie in die Zielerreichung und steuert sich selbst. Die Kultur der konstruktiven Konfliktlösung und des konstruktiven Feedbacks wird weiter gelebt.
Teamleiter können den Prozess beobachten und beratend begleiten. Fortschritte sollten angesprochen und gelobt und Erfolge gefeiert werden.

3.2 Effektive Besprechungen und Führung

»Die Horrorsitzung des Herrn St.«
Was sind Ihrer Meinung nach die größten Zeitfresser im Beruf? Lassen Sie mich raten: Als Erstes sind Ihnen jetzt die mittlerweile ausufernde E-Mail-Korrespondenz und die Verpflichtung, ständig an diversen Meetings, Sitzungen und Besprechungen teilnehmen zu müssen, eingefallen. Habe ich recht? Okay, das zu erraten war nicht wirklich schwierig. Denn ich denke, Sie kennen das zur Genüge: Schon kurz nach dem Einschalten des Rechners sehen Sie sich mit einer Unmenge an E-Mails konfrontiert, die in Ihrem elektronischen Postfach eingegangen sind und einer möglichst zeitnahen Beantwortung harren. Hierauf sind wir schon in Kapitel 1.4 eingegangen.

Gleichzeitig informiert Sie Ihr digitaler Terminkalender darüber, dass mal wieder kurzfristig eine dringliche Besprechung angesetzt wurde, bei der Ihre Anwesenheit und Mitarbeit erwartet wird. Gerade Letzteres ruft selten Begeisterung hervor, weil wir alle ohnehin schon sehr, sehr viel Zeit in Meetings verbringen. Und wahrscheinlich leiden Sie oftmals darunter, dass die Besprechungen nicht effektiv geführt werden und zu lange dauern. Nicht selten verlassen Sie das Meeting nach zwei Stunden völlig demotiviert und frustriert und ziehen den Schluss, dass zwar viel geredet, aber nichts Greifbares entschieden wurde. Da wird es Sie vermutlich auch nicht trösten, dass Sie dieses Schicksal mit Millionen Leidensgenossinnen und -genossen teilen.

Die internationale Managementberatung Bain & Company bestätigt das in ihrer Studie »Managing Your Scarcest Resource«, in der das Zeitmanagement von 17 Konzernen untersucht wurde[12]. Der Untersuchung zufolge erhalten Führungskräfte im Durchschnitt circa 30.000 E-Mails pro Jahr. Rund 15 Prozent ihrer jährlichen Arbeitszeit verbringt die gesamte Belegschaft in Besprechungen. In der Summe entfallen auf Sitzungen des Topmanagements ungefähr 7.000 Stunden pro Jahr – ohne die vorbereitenden Besprechungen mit den Teams und die Folgemeetings.

---
12 Bain & Company, Managing Your Scarest Resource, 2014.

Eine zentrale Schwierigkeit, von der ich immer wieder höre und an die ich mich auch im Rückblick auf meine eigene praktische Arbeit gut erinnere, ist, dass Meetings häufig zu spät anfangen. Unpünktlichkeit war und ist ein weitverbreitetes Übel. Das setzt sich dann natürlich fort: Es steht weniger Zeit für das angesetzte Meeting zur Verfügung und eine eventuell folgende Besprechung fängt unter Umständen auch erst später an. Das Meeting-Dilemma nimmt seinen Lauf.

Die folgende Geschichte, die ich vor längerer Zeit als Angestellter erlebt habe, steht in einem direkten Zusammenhang mit dem Thema »Meetings und Besprechungen«. Sie ist darüber hinaus ein Beispiel für schlechte Führung – erbärmliche Führung, um genau zu sein.

Ich war zu einer Sitzung eingeladen worden, in der es um wichtige und ernste Themen ging. Genau genommen ging es um viel Geld, sehr, sehr viel Geld. Ich war dort noch nicht in der Funktion eines Trainers oder Coachs, sondern als Führungskraft meines damaligen Unternehmens. Als Sitzungsort war ein historisches Gebäude gewählt worden, in dem früher mächtige Industriebarone ihr Unternehmen führten. Der Saal, in dem die Sitzung stattfand, hatte eine ungefähre Länge von 40 Metern. Das Ambiente: Ruhrgebietsromantik pur. Die Seitenwände waren mit edlem Holz in tiefem, dunklem Braun vertäfelt. Die Decke war ebenfalls mit dunkelbraunen Holzpaneelen verkleidet. In der Mitte des Saals stand ein Besprechungstisch mit gigantischen Ausmaßen. Lang gezogen, oval, aus massivem Holz. Auf der linken Seite des Tischs standen 35 durchgesessene braune Ledersessel, auf der rechten Seite weitere 35 lederne Sitzmonster. Der Saal hatte eine Fensterfront, durch die allerdings kaum Licht drang, denn es war November. Ein November, wie er im Buche steht. Grau, trüb, düster, kühl. Unaufhörlich fiel ein feiner, unangenehmer Nieselregen aus einer dichten, dunklen Wolkendecke. Oder anders gesagt: Es war ein Tag, an dem man sich sehnlichst den Frühling und Sonnenschein herbeiwünschte.

Als ich circa zehn Minuten vor Sitzungsbeginn den Saal betrat, waren schon fast alle anderen Teilnehmer anwesend. Die Besprechung sollte um 10.00 Uhr beginnen. Wenige Minuten vor zehn waren auf der linken Seite 35 Sessel mit 35 Sitzungsteilnehmern besetzt. Auf der rechten Seite hatten bereits 34 Personen in den Ledersesseln Platz genommen, einer war noch frei. Am Kopf des riesigen Tischs thronte der Chef der Sitzung. Eine alte Führungskraft wie aus dem Lehrbuch, grimmig und entschlossen dreinblickend, mit Hosenträgern, die unter seinem geöffneten, aber dennoch tadellos sitzenden Sakko hervorblitzten. Offenkundig äußerst übellaunig ruhte sein Blick auf der großen Uhr, die an der linken Wand hing und deren großer Zeiger kurz vor der Zwölf stand. Niemand im Saal sprach. Da die Sitzung sehr wichtig war und es – wie bereits erwähnt – um sehr viel Geld ging, konzentrierten sich die Teilnehmer auf das, was da kommen sollte. Die Spannung im Saal war fast greifbar. Der große Zeiger der Uhr sprang auf die Zwölf. Es war Punkt 10.00 Uhr, der offizielle Beginn der Besprechung. Alle Blicke wendeten sich erwartungsvoll dem vorsitzenden Chef am Kopf des Besprechungstischs zu. Sicherlich würde er jetzt das Wort ergreifen und mit ein paar Sätzen die Besprechung eröffnen. Doch anstelle der erwarteten Begrüßungsworte war nur Folgendes zu vernehmen:

Tock. Tock. Tock.

Totenstille im Saal. Nur das monotone Klopfgeräusch, das seine Finger auf dem Tisch erzeugten. Ohne Unterbrechung. Streng und rhythmisch wie ein Metronom.

Tock. Tock. Tock.

Leichte Irritation machte sich unter den Sitzungsteilnehmern breit. Doch niemand wagte es, auch nur einen Mucks von sich zu geben.

Tock. Tock. Tock.

Tock. Tock. Tock.

Abgesehen von den auf den Tisch trommelnden Fingern blieb der Vorsitzende regungslos. Sein Blick verharrte starr auf der Wanduhr.

Tock. Tock. Tock.

Tock. Tock. Tock.

Tock. Tock. Tock.

Ein paar Minuten nach zehn öffnete sich die Sitzungssaaltür und ein Mann stürmte mit hochrotem Kopf, einen riesigen Stapel Unterlagen balancierend, in den Saal. Völlig außer Atem, mit Schweißtropfen auf der Stirn steuerte er den einzigen noch freien Sessel auf der rechten Seite des Tischs an. Es war ihm anzusehen, dass ihm sein Zuspätkommen in höchstem Maße unangenehm war. Kein Wunder, alle anderen saßen dort ja schon seit geraumer Zeit. Nach allen Seiten Entschuldigungen murmelnd, legte er seinen Unterlagenstapel auf dem Tisch ab und setzte sich auf den ihm zugedachten Platz. Selbstverständlich waren alle Augen auf ihn gerichtet und es war ihm deutlich anzusehen, dass er in diesem Moment am liebsten im Erdboden versunken wäre. Aber wo sind die Löcher im Boden, wenn man sie gerade braucht? So blieb ihm also nichts anderes übrig, als die Peinlichkeit mit eingezogenem Kopf zu ertragen. Sein banger, nach Entschuldigung bittender Blick richtete sich auf den Vorsitzenden. Doch was machte dieser? Er schaute nicht länger auf die Wanduhr, sondern starrte jetzt den armen Zuspätgekommenen unerbittlich mit eiskalter Miene an. Und sagte dabei kein einziges Wort.

Tock. Tock. Tock.

Langsam, ganz langsam richtete sich der Chef in seinem Sessel auf. Bedrohlich. Angsteinflößend. Wie eine Schlange, die sich aufrichtet, um im nächsten Moment blitzschnell auf ihr Opfer zuzustoßen und gnadenlos den tödlichen Biss zu setzen. Letzteres tat der Vorsitzende natürlich nicht. Aber nachdem er sich in Gänze in seinem Sessel aufgebaut und im Sitzen eine Art Befehlshaltung eingenommen hatte – ohne dabei auch nur eine Sekunde den Zuspätgekommenen aus den Augen zu lassen – räusperte er sich zunächst, was im ganzen Saal gut vernehmbar war. Dann sagte er mit dröhnender, nur mühsam beherrschter Stimme: »Meine Damen und Herren, sicherlich sind Sie genauso gespannt wie ich, zu erfahren, warum Herr St. hier und jetzt ZU SPÄT KOMMT!« Während er das sagte, zeigte er mit dem Finger auf den bedauernswerten Mann, der noch mehr in seinem Sessel zusammensank, und fixierte ihn mit einem Blick, der glücklicherweise nicht töten konnte. Derart öffentlich vorgeführt und bloßgestellt brachte Herr St. kein einziges Wort über die Lippen. Doch der Vorsitzende ließ nicht locker. Eine kleine Ewigkeit starrte er das Häufchen Elend an, ohne auch nur einen einzigen weiteren Laut von sich zu geben. Wieder absolute Totenstille im Saal. Die Raumtemperatur sank um gefühlte fünf Grad.

Alle Teilnehmer erfasste ein Unbehagen, das sich angesichts des unwürdigen Schauspiels, das der Vorsitzende inszenierte, langsam in ein Fremdschämen verwandelte. Ich kann für mich sagen, dass ich in meinem gesamten bisherigen Berufsleben noch nie eine Begebenheit erlebt habe, die auch nur annähernd so unangenehm gewesen ist – und das, obwohl ich gar nicht direkt betroffen war. 70 Sitzungsteilnehmer warteten darauf, dass der Vorsitzende die peinliche Situation endlich beenden und auflösen würde. Vielleicht würde er ja einen Witz daraus machen, um die Atmosphäre wieder zu entspannen. Hofften wir zumindest. Aber nein, er tat nichts dergleichen. Wortlos starrte er weiter Herrn St. an, dessen anfängliche Röte im Gesicht mittlerweile einer ungesunden Blässe gewichen war. Nach einer weiteren qualvollen Minute absoluter Stille nahm endlich ein Sitzungsteilnehmer seinen ganzen Mut zusammen und wagte es, das Wort zu ergreifen: »Herr Vorsitzender, da wir doch sehr wichtige Themen zu besprechen haben, möchte ich Sie bitten, die Sitzung zu eröffnen.«

Erst da besann sich der Chef und wandte langsam, ganz langsam, wie in Zeitlupe, seinen vernichtenden Blick von Herrn St. ab und ging zur Sitzungsordnung über – allerdings nicht ohne ihn ein letztes Mal verächtlich aus den Augenwinkeln zu fixieren.

Der bemitleidenswerte Herr St. ist nach dieser denkwürdigen Sitzung nicht mehr lange im Unternehmen geblieben. Nicht, dass ihm gekündigt wurde. Nein, er ging aus eigenem Antrieb. Ich habe ihn später noch ein paar Mal getroffen und mich mit ihm unterhalten. Er sagte mir, dass die Art und Weise, wie der Chef mit ihm vor allen Sitzungsteilnehmern umgesprungen ist und ihn minutenlang gedemütigt hat, in höchstem Maße inakzeptabel für ihn war. Absolut nachvollziehbar, wie ich finde.

Doch wie hätte sich eine gute Führungskraft in dieser Situation verhalten? Angesichts des unwürdigen Verhaltens des Chefs mangelte es ihm möglicherweise schon an der Grundeinstellung zum Thema »Führung«. »Führungskräfte müssen die 4-M-Formel beherrschen«, sagte mir einmal ein sehr erfahrener Manager mit internationaler Personalverantwortung. 4-M-Formel? Die 4-M-Formel steht für **M**an **M**uss **M**enschen **M**ögen! Das klingt vielleicht etwas seltsam, stellt aber eine Grundvoraussetzung für gute Führung dar. Wem als Führungskraft die Menschen, für die er oder sie im beruflichen Kontext verantwortlich ist, egal sind, der sollte maximal eine fachliche Karriere, möglichst ohne Personalverantwortung, anstreben.

Bei aller Wertschätzung heißt das aber nicht, dass Führungskräfte zum Beispiel auf willkürliches Zuspätkommen nicht reagieren sollten. Feedback ist hier angebracht. Aber bitte nicht vor versammelter Mannschaft und möglicherweise noch in Anwesenheit von externen Teilnehmern. Feedback muss konstruktiv sein und unter vier Augen gegeben werden. In Kapitel 2.6 wurde dies näher beschrieben.

Die Geschichte von Herrn St. hat also kein Happy End, keine witzige Auflösung, keine erleuchtende Aha-Situation. Warum erzähle ich sie aber immer wieder in meinen Seminaren, insbesondere dann, wenn es neben Führung auch um die Organisation und Planung von Meetings geht? Nun, immer dann, wenn ich den Seminarteilnehmern sage, dass wir jetzt eine Pause bis um 10.00 Uhr machen und dabei mit den Fingern ein unheilvolles Tock-Tock-Tock auf der Tischplatte erzeuge, kann ich mit Sicherheit davon ausgehen, dass niemand, aber auch wirklich NIEMAND, der zuvor vom Schicksal des armen Herrn St. gehört hat, unpünktlich sein wird. So hat die Horrorsitzung letztendlich doch noch etwas Positives.

An dieser Stelle bemängeln dann Seminarteilnehmer sehr oft das Verhalten in Besprechungen in ihren eigenen Unternehmen. Abgesehen davon, dass Meetings und Besprechungen immer pünktlich beginnen und dementsprechend alle Teilnehmer zum festgelegten Termin anwesend sein sollten – was kann dazu beitragen, dass Sitzungstermine nicht überhandnehmen und effektiv und zielorientiert ablaufen? Führen Sie sich zur Beantwortung der Frage vor Augen, was die Gründe für ineffiziente, vielleicht sogar überflüssige Besprechungen sind: mangelnde Kommunikation, unzureichende Führung und Fehler in der Organisation.

Es gibt unzählige Arten und Formen von Meetings und Zusammenkünften wie z. B. Statusbesprechungen, Aufgabenverteilungen, Informationsveranstaltungen, Präsentationen, Verhandlungen, Abteilungsmeetings, Kundenbesprechungen, Kreativsitzungen, Abstimmungsgespräche, Projektbesprechungen, Strategiemeetings, um nur einige zu nennen. Die entscheidende Frage, die Sie sich immer stellen sollten, lautet: Ist die Besprechung überhaupt notwendig? Oder können die Informationen auch auf anderem Wege, vielleicht sogar effizienter kommuniziert werden?

Auch die Zusammensetzung der Besprechungsteams ist von entscheidender Bedeutung für die Effizienz. Wer ist von der jeweiligen Thematik betroffen und wer kann sinnvoll zur Zielerreichung beitragen? Halten Sie die Anzahl der Teilnehmer möglichst klein. Mit zunehmender Zahl der Beteiligten werden Besprechungen nicht nur zeitaufwendiger, sondern auch unergiebiger. Grundsätzlich sollten nur zwei Arten von Personen zu einem Meeting geladen werden: Kollegen und Kolleginnen, die Essenzielles zum Thema beitragen können, und Entscheidungsträger.

Damit Meetings und Besprechungen innerhalb klar definierter Bahnen ablaufen, sind schriftlich fixierte Agenden, die idealerweise schon mit der Einladung an die Teilnehmer versendet werden, äußerst hilfreich – vorausgesetzt natürlich, es bleibt genügend zeitlicher Vorlauf, um entsprechende Inhalts- und Ablaufpläne zu verfassen. Ganz entscheidend hierbei ist, dass die wichtigsten Themen am Anfang des Meetings besprochen und die Ziele der Besprechung deutlich umrissen werden. Auch hinsichtlich des zeitlichen Rahmens sollten in der Agenda von vornherein klare Angaben gemacht werden. Grundsätzlich gilt: so lange wie nötig, so kurz wie möglich!

Last, but not least gibt es noch einen anderen Aspekt, der Einfluss auf die Effektivität von Meetings haben kann, nämlich die Wahl des geeigneten Besprechungsorts. Abgesehen davon, dass der Raum selbstverständlich über die benötigte Technik, z. B. für Präsentationen, verfügen muss, ist es ebenfalls nicht unwichtig, dass der gewählte Ort eine konstruktive und angenehme Gesprächsatmosphäre fördert. Überdimensionierte Besprechungsräume, in denen sich die Teilnehmer verlieren, sind daher genauso ungeeignet wie zu kleine Räumlichkeiten, in die sich die Anwesenden wie Ölsardinen quetschen müssen oder Örtlichkeiten, die aufgrund erhöhter externer Lärmbelästigung keine ruhigen Gespräche zulassen, um nur einige Beispiele zu nennen.

Zum Abschluss eine Anregung, die ebenfalls dazu beitragen kann, Meetings effizienter zu gestalten: Gehen sie neue, alternative Wege! Haben Sie beispielsweise schon einmal daran gedacht, eine Besprechung im Stehen, statt im Sitzen abzuhalten? Viele Mitarbeiterinnen und Mitarbeiter aus unterschiedlichen Unternehmen berichten, dass Meetings im Stehen viel weniger Zeit benötigen und die Qualität der Besprechung dabei nicht leidet.

Führungskräfte nehmen auch bei Besprechungen eine wesentliche Vorbildfunktion ein. Wenn sie sich selbst nicht so verhalten, dass Besprechungen effektiv verlaufen, und in diesem Zusammenhang Effektivität vorleben, können sie kaum erwarten, dass ihre Mitarbeiterinnen und Mitarbeiter dieses tun.

! **»Handfest zusammengefasst«**
Tipps für effektive Meetings und Besprechungen:
1. Stellen Sie sich die Frage, ob das intendierte Meeting oder die Besprechung auch wirklich unbedingt nötig ist oder ob es nicht andere Möglichkeiten gibt, die Informationen auszutauschen und die entsprechenden Ergebnisse zu erzielen.
2. Laden Sie nur Teilnehmer ein, die aufgrund ihres Aufgabenbereichs notwendigerweise anwesend sein müssen.
3. Bereiten Sie Meetings gründlich vor, denn eine professionelle Vorbereitung macht bis zu 80 Prozent des Erfolgs einer Besprechung aus.
4. Seien Sie einige Minuten vor Besprechungsbeginn im Raum und beginnen Sie pünktlich zur festgelegten Uhrzeit.
5. Stellen Sie zu Beginn kurz dar, warum Sie gerade diese Gruppe eingeladen haben, was das Thema und das Ziel der Besprechung ist.
6. Klären Sie im Vorfeld alle organisatorischen Fragen (Verantwortungen, Protokoll, Regeln).
7. Nutzen Sie die Agenda als einen Leitfaden, damit die vorgegebenen Themen zielorientiert und effizient abgearbeitet werden können.
8. Achten Sie darauf, dass die Teilnehmer nicht vom Thema abschweifen oder sich in nebensächlichen Details verlieren.
9. Führen Sie eine offene und respektvolle Kommunikation. Das heißt: Sorgen Sie dafür, dass alle ausreden dürfen, sich niemand über Beiträge lustig macht etc.

10. Regen Sie die Teilnehmer zur aktiven Mitarbeit an und fördern Sie proaktives Verhalten. Beteiligen sich die Teilnehmer an der Besprechung, so empfinden sie ihre Anwesenheit als sinnvoll und können sich besser mit getroffenen Entscheidungen identifizieren.

3.3 Internationale Zusammenarbeit

»Typisch deutsche Erwartungen und Bestellungen«
Die Internationalität in Unternehmen nimmt mehr und mehr zu. Durch kurz- und langfristige Auslandsaufenthalte, Arbeiten in internationalen Teams und die Kommunikation mit ausländischen Kunden und Geschäftspartnern sind Führungskräfte und ihre Mitarbeiterinnen und Mitarbeiter heute stark gefordert, sich mit fremden Ländern, Kulturen und deren Besonderheiten zu beschäftigen. Kulturell bedingte Missverständnisse sind leider häufig anzutreffen, obwohl doch vermeintlich »alles richtig gemacht wurde«. Eine interkulturelle Sensibilisierung hilft dabei, das eigene Kulturverständnis zu kennen und fremde Kulturen und deren Verhalten mit der nötigen Sensibilität zu erkennen und zu verstehen. Das gilt sowohl im täglichen Umgang mit Mitarbeiterinnen und Mitarbeitern als auch mit den jeweiligen Geschäftspartnern. Was allerdings passieren kann, wenn unterschiedliche Kulturstandards auf »deutsche Erwartungen« treffen, zeigen die folgenden beiden »wahren« Situationen.

Zur Förderung der Zusammenarbeit, des besseren Verständnisses der Unternehmensstrategie und des Kennenlernens der Ansprechpartner und Kollegen, traf die Geschäftsführung eines international agierenden Unternehmens die Entscheidung, ein sogenanntes »Corporate Business Training« durchzuführen. Hierfür wurden 60 Mitarbeiterinnen und Mitarbeiter aus der internationalen Organisation, vor allem Verkäufer und Spezialisten, aus insgesamt 30 verschiedenen Ländern für drei Tage in die Zentrale des Unternehmens nach Deutschland eingeladen. Teil dieses Programms war unter anderem ein gemeinsames Abendessen der Teilnehmer mit Vertretern, Vorgesetzten und Vorständen der Konzernzentrale in einem bayerischen Lokal, um unter anderem die deutsche Küche und Kultur »erlebbar« zu machen.

Was ist zu beachten, wenn es darum geht, ein Abendessen für 60 Leute aus 30 verschieden Ländern, Kulturkreisen und unterschiedlichen Religionen zu organisieren?, fragte sich Herr R., der Verantwortliche für die Organisation der Veranstaltung. Alles sollte und musste reibungslos ablaufen.

Schließlich ist auch der Vorstand dabei!, dachte Herr R. mit leichtem Unbehagen.

Bei der Auswahl der Gerichte galt es, darauf zu achten, dass neben typischen, eher »fleischlastigen« Gerichten auch vegetarische und vegane Gerichte sowie Tee und weitere alkoholfreie Getränke zur Auswahl standen. Die Speisekarte des Restaurants, typisch bayrisch (also typisch deutsch?), wurde ins Englische übersetzt und zu Beginn des ersten Veranstaltungstags jedem Teilnehmer ausgehändigt, mit der Bitte, das gewünschte Essen anzukreuzen.

Die Veranstaltung fand im größten Sitzungssaal der Firma statt. Nach der Begrüßung wies Herr R. auf einen wichtigen Punkt der Tagesordnung hin: die Speisekarte. »Bitte entscheiden Sie sich jetzt, was Sie heute Abend essen möchten«, drängte er.

Manche Teilnehmer schauten etwas verdutzt. Um 9.00 Uhr entscheiden, was am Abend gegessen werden soll? Seltsam, diese Deutschen. Und dann diese eigenartigen Gerichte! Bei der Auswahl der Speisen entstand eine laute Diskussion in den verschiedensten Sprachen, die an ein »hektisches Geschnatter« erinnerte. Durch die Größe des Sitzungssaals wurde die Lautstärke entsprechend verstärkt.

So muss es sich beim Turmbau zu Babel angehört haben, dachte sich Herr R. und bekam erste Zweifel, ob sein Plan aufgehen würde. Ziel war es, die Anzahl der gewünschten Gerichte telefonisch an das Restaurant zu übermitteln, um sicherzustellen, dass die Gruppe abends gemeinsam ohne lange Wartezeiten essen konnte.

Die Bestellungen wurden nach kurzer Zeit wieder eingesammelt. Dabei wurde sichergestellt, dass auch jeder der Anwesenden ein Blatt abgegeben hatte. Es waren tatsächlich 60 Bestellzettel, die zurückkamen. Die Erwartung bei Herrn R war, dass (»typisch deutsch«) exakt und genau bestellt wurde. »Wir rechnen mit circa 20 Haxen, 20 Schnitzeln, 10 Salaten und 10 Würstchen«, lautete seine Vorankündigung ans Restaurant, bevor die Zettel ausgewertet wurden. Das war also der Plan. Was war aber tatsächlich passiert? Am späten Nachmittag wurden die Bestellzettel direkt ans Restaurant weitergeleitet, damit die exakte Zahl an Haxen, Schnitzeln und Würstchen frühzeitig vorlag.

Es waren zwar 60 Zettel (Speisekarten) eingesammelt worden. Am Ende lagen für 60 Personen aber 85 Bestellungen für Hauptgerichte beim Restaurant vor. Als Herr R. mit den ausländischen Gästen das Restaurant betrat, empfing ihn ein laut fluchendes Personal: »Warum machen wir eine solche Aktion überhaupt, wenn sich niemand daran hält? Sind die Gäste denn nicht dazu in der Lage, sich für ein Hauptgericht zu entscheiden? Manche haben zwei oder drei Gerichte bestellt. Das geht so nicht! Wir müssen nun jeden noch einmal fragen, was er oder sie essen möchte. Jetzt wird es länger dauern!« Der Unmut war groß. Die Konsequenz der fehlgeschlagenen »Vorabbestellung« war, dass im Restaurant jeder Teilnehmer nochmals seine Bestellung für *ein* Gericht aufgeben musste. Da das Restaurant sich nicht vorbereiten konnte, dauerte das Abendessen viel länger als geplant. Bis zu 2,5 Stunden mussten Teilnehmerinnen und Teilnehmer, die aus Asien kamen, auf das Essen warten. Aufgrund von Zeitverschiebung, Jetlag und des langen Arbeitstags schliefen einige der Kolleginnen und Kollegen aus dem Ausland am Tisch ein. Das führte wiederum zu Unmut bei der Geschäftsführung. »So etwas macht man doch nicht«, war zu hören.

Wie konnte das passieren? Was war der Fehler? Woran habe ich nicht gedacht?, fragte sich Herr R., der selbst als ein Experte in Sachen interkulturellem Management gilt.

Er hatte nicht in Betracht gezogen, dass die Essgewohnheiten der Teilnehmerinnen und Teilnehmer je nach Region sehr unterschiedlich sind. In Vietnam und China ist es beispielsweise üblich, mehrere Gerichte zu bestellen, auf den Tisch zu stellen und mit den anderen zu teilen. Das hatten einige Kolleginnen und Kollegen speziell aus dem asiatischen Ausland wohl praktiziert. Sie hatten in bester Absicht, mit asiatischer Höflichkeit und gemäß ihrer Gewohnheit, für andere mit bestellt. Dadurch war es zur Bestellung von 85 Hauptgerichten gekommen.

Wie verlief der Abend weiter? Es war natürlich ärgerlich, dass manche Gäste so lange auf ihr Essen warten mussten. »Ich habe aber versucht, das Beste aus der Sache zu machen, indem ich es von der heiteren Seite genommen habe«, berichtete Herr R. »Ich habe versucht, die Situation aufzuklären, und vor allem habe ich versucht, zu vermeiden, dass sich irgendjemand »schuldig« fühlte. Das hätte zu einem Gesichtsverlust führen können, was besonders in Asien in jedem Fall zu vermeiden ist. In großer Runde haben wir locker über interkulturelle Unterschiede gesprochen. Die »deutschen Tugenden«, wie Ordnung, Pünktlichkeit und Organisationstalent (nämlich dass alles funktioniert und in der Regel fehlerfrei abläuft), auf die ich besonders hinwies, wurden zum Teil sehr heiter kommentiert. Selbstverständlich hatten die Kolleginnen und Kollegen aus den unterschiedlichsten Ländern auch ihr eigenes Verständnis von diesen typisch deutschen Eigenschaften. Aber auch wir Deutschen sind nur Menschen und machen trotz unseres Hangs zum Perfektionismus Fehler, und das bei aller vermuteten interkulturellen Kompetenz, wie dieses Paradebeispiel zeigt«, fasste Herr R. dann den ersten Diskussionspunkt zum Thema »internationale Zusammenarbeit« zusammen. Auch wenn dieser Programmpunkt in der offiziellen Agenda erst viel später folgen sollte, wurden noch viele Gespräche zu diesem Thema geführt, was dem besseren gegenseitigen Verständnis zusätzlich diente. Ein Ergebnis, dass dabei auch herauskam, war, dass einige der Teilnehmer aus dem Ausland den hohen Bierkonsum während solcher Anlässe als typisch deutsch erachten, wie Herr R. schmunzelnd zu berichten wusste.

Um »typisch deutsche Erwartungen« ging es auch im zweiten Fall, den ich im Rahmen einer internationalen Konferenz erlebt habe. Dieser zeigt noch einmal exemplarisch, welche kulturellen Unterschiede bestehen und wie hierdurch schnell Verstimmungen entstehen können.

Im Rahmen einer Konferenz in Asien mit Verantwortlichen aus dem Personalbereich aus Fernost und Lateinamerika sollten wieder einmal Prozesse zur Verbesserung der internationalen Zusammenarbeit erarbeitet werden. In der Agenda gab es bewusst auch den Punkt »Working with the Germans«, weil in der täglichen Zusammenarbeit mit der internationalen HR-Organisation so Einiges aufgefallen war, wie zum Beispiel die späten Reaktionszeiten auf E-Mails oder das Nichteinhalten von Terminen zur Übermittlung von angeforderten Informationen. Dringend benötigte Personaldaten wurden fast immer mit Verspätung geschickt. Auch dieses Thema sollte bei dem Treffen angesprochen werden. Am ersten Tag der Konferenz wurde viel diskutiert und es wurden viele, viele Fragen gestellt. Die Konsequenz war, dass wir am ersten Tag abends schon fast zwei Stunden hinter der geplanten Agenda lagen. Deshalb vereinbarten wir gemeinsam, dass wir am nächsten Morgen anstatt um 9 Uhr schon um 8.30 Uhr beginnen würden.

Am nächsten Morgen bin ich rechtzeitig aufgestanden. Als ich um 8.20 Uhr vom Frühstück in den Besprechungsraum ging, kamen mir einige Teilnehmer entgegen, die noch frühstücken wollten.

Na, das wird aber ein schnelles Frühstück, dachte ich mir.

Punkt 8.30 Uhr (typisch deutsch) war alles vorbereitet, und ich wartete auf die Teilnehmer. Niemand kam. 8.35 Uhr: immer noch keiner da. Ebenso um 8.40 Uhr. Innerlich fing ich an zu kochen. *Wie wollen wir denn unsere vielen Tagesordnungspunkte abarbeiten, wenn wir schon mit Verspätung anfangen?*

Um 8.45 Uhr kamen die ersten beiden Teilnehmer langsam schlendernd und mit entspanntem Gesichtsausdruck in den Besprechungsraum. Nach und nach kamen auch die anderen Teilnehmerinnen und Teilnehmer. Um 9.00 Uhr waren schließlich alle anwesend.

Mein Blutdruck war mittlerweile auf 190. *Soll ich meiner Entrüstung jetzt freien Lauf lassen oder besser nicht?*, fragte ich mich. Nach kurzem Nachdenken entschied ich mich für Letzteres und dachte mir: *Mal sehen, was der Tag noch bringt und wie ich das Thema »Pünktlichkeit« ansprechen kann.*

So arbeiteten wir also Punkt für Punkt die Agenda ab, holten auch die Zeit einigermaßen wieder auf und ich freute mich über den guten Verlauf und konnte am Nachmittag den Agendapunkt »Working with the Germans« kaum erwarten. Hierbei wurden typisch deutsche »Werte« von den Teilnehmern erarbeitet und an konkret erlebten Beispielen in der Zusammenarbeit illustriert. Hierbei kamen selbstverständlich auch die deutschen »Tugenden« der Pünktlichkeit und Termintreue zur Sprache und wie wichtig und selbstverständlich sie für uns Deutsche sind. Als Paradebeispiel diente mir das Verhalten meiner Kollegen beim geplanten Beginn unserer Veranstaltung am Morgen. Ich fragte Sie, ob Sie sich vorstellen könnten, wie ich mich heute Morgen gefühlt habe, als um 8.30 Uhr niemand da war? Einigen war klar, dass ich »not amused« war, andere wiederum konnten meinen Unmut nicht nachvollziehen. Zeit und Zeiteinheiten können je nach kultureller Herkunft unterschiedlich aufgefasst werden. Pünktlichkeit spielt in der deutschen Kultur eine große Rolle (auch wenn sie bei Besprechungen oft vergessen wird). In anderen Kulturen, wie zum Beispiel in Afrika, Südamerika oder Teilen Asiens wie etwa Indonesien, dient ein vereinbarter Termin oft nur zur Orientierung, wann man sich »ungefähr« trifft. Ein Besucher aus Chile hat sich einmal köstlich amüsiert, als er den Ärger und den lauten Protest auf einem Bahnsteig in Deutschland erlebt hatte, weil ein ICE fünf Minuten Verspätung hatte. Wir können doch froh sein, dass der Zug heute überhaupt noch kommt, meinte er mit einem breiten Grinsen. Es sind doch nur Minuten und nicht Stunden oder gar ein ganzer Tag. Einigen Teilnehmern unserer Konferenz war also die Wirkung des Zuspätkommens auf mich nicht bewusst gewesen. Sie gelobten Besserung, wenn es um die Zusammenarbeit mit den deutschen Kollegen geht.

Es war sicherlich die richtige Entscheidung, morgens nicht zu »poltern« und mich, gerade mit Blick auf die asiatischen Kollegen mit deutlicher Kritik zurückzuhalten, war ich innerlich mit meiner Vorgehensweise zufrieden. *Hätte ich morgens in typisch deutscher Manier über die Unpünktlichkeit geschimpft, hätte ich die Teilnehmerinnen und Teilnehmer eher brüskiert. Sie hätten es nicht verstanden und die sehr konstruktive und offene Atmosphäre während der gesamten Konferenz wäre dahin gewesen.*

Soweit so gut! *Mal sehen, dachte ich mir, ob die lieben Kolleginnen und Kollegen das wirklich verstanden und verinnerlicht haben.*

Zum Ende der Konferenz war noch ein gemeinsames Abendessen vorgesehen, und ich sagte mit einem Lächeln, dass wir uns alle um 19.30 Uhr im Foyer des Hotels treffen würden und ich gespannt sei, ob wir uns nach deutschem oder asiatischem Zeitverständnis treffen würden?

Internationale Zusammenarbeit 3

Das Ergebnis war, dass alle überpünktlich bereits um 19.25 Uhr vollständig versammelt und mit einem breiten Grinsen im Gesicht im Foyer auf mich warteten.

Die beiden wahren Situationen zeigen, dass es im Rahmen internationaler Zusammenarbeit empfehlenswert ist, stärker für kulturelle Unterschiede sensibilisiert zu sein, die eigene Wahrnehmung für Werte und Normen anderer Kulturen zu schulen und sie zu respektieren und zu tolerieren.

Wir Menschen leben alle in einer spezifischen Kultur und in einem dadurch strukturierten Handlungsfeld. Die Kultur zeigt sich somit immer in einem für eine Nation, Gesellschaft oder Organisation exemplarischen Orientierungssystem. Hierin werden die jeweiligen unterschiedlichen Symbole abgebildet, die immer innerhalb dieser Gruppe weitergegeben werden. Bei diesen Symbolen kann es sich beispielsweise um Rituale, Gesten, Mimiken, Sprachen und Dialekte handeln. Das Orientierungssystem legt für die Menschen die Zugehörigkeit zur jeweiligen Nation, Gesellschaft oder Organisation fest und ermöglicht ihnen das richtige Verhalten innerhalb dieser gesellschaftlichen Systeme. Damit wird dem Bedürfnis der Menschen nach Orientierung und Sichzurechtfinden entsprochen, denn die unterschiedlichen spezifischen Symbole und auch Abläufe sind vertraut, bekannt und machen Sinn. In diesem Kontext bedeutet Kultur also Orientierungshilfe.

Das kulturspezifische Orientierungssystem funktioniert aber nur dann, wenn Gesprächs- oder Verhandlungspartner aus den gleichen Nationen, Gesellschaften oder Organisationen kommen und keine eigene Kultur entwickelt haben. Sollte dieses aber der Fall sein und sich die Gesprächs- und Verhandlungspartner in unterschiedlichen Orientierungssystemen befinden und jeweils unterschiedliche Eigenschaften und Methoden mit sich bringen, entstehen kritische Begegnungen respektive Interaktionen, bei denen die Kommunikationspartner nicht erwartete Reaktionen und Verhaltensweisen erleben, die sie nicht verstehen können, weil sie ihnen nicht vertraut sind. In den oben beschriebenen Situationen waren es das Verhalten beim Bestellen der Gerichte zum Abendessen und das Verständnis von Pünktlichkeit, die zu Irritationen führten.

Um den Unterschied zwischen der fremden und der eigenen Kultur deutlich zu machen, hilft es, sich seiner eigenen kulturellen Werte und Erwartungen, also seines eigenen Orientierungssystems, bewusst zu werden. Was also ist typisch für die eigene, die deutsche Kultur? Was hat mich selbst geprägt? Orientierungshilfen zur Beschreibung einer Kultur sind dabei Kulturstandards. Diese Standards wurden über Generationen hinweg in mehr oder weniger veränderter Form weitergegeben und beeinflussen viele Lebensbereiche.

Als »typisch deutsche« Kulturstandards werden von diversen nicht deutschen Kulturen u. a. gesehen:
- Sachlichkeit,
- Zuverlässigkeit,
- Gründlichkeit,
- Pünktlichkeit,
- Ordnung,
- Regeln,
- Planung,
- Rationalität,
- Ernsthaftigkeit, Mangel an Humor.

Was passiert aber, wenn diese eigenen Kulturstandards auf andere, für uns fremde und zumindest im ersten Augenblick unverständliche und manchmal inakzeptable Standards anderer Kulturen treffen?

Unsere eigenen Erwartungen und Vorstellungen bewerten wir dabei bewusst oder unbewusst als normal. Die eigene und vertraute Lebens- und Arbeitsweise wird oft als die einzig richtige und vernünftige angesehen. Handelt ein Gesprächs- oder Geschäftspartner mit einem anderen kulturellen Orientierungssystem ebenfalls nach seinen eigenen Lebens- und Arbeitsweisen, kommt es häufig zu kritischen, möglicherweise mit Konflikten verbundenen Situationen. Beide Gesprächs- oder Geschäftspartner werden versuchen, ihr eigenes Verhalten nach dem ihnen vertrauten Orientierungssystem zu regulieren und so zu bewerten, dass es für sie sinnvoll ist.

In unseren oben genannten Situationen hielten sich die jeweiligen »Vertreter ihrer Kulturen« dabei eher zurück. Das war sicherlich auch dadurch

Internationale Zusammenarbeit 3

begründet, dass ein »gefühltes hierarchisches Gefälle« zwischen den Führungskräften aus der Zentrale in Deutschland und den Kolleginnen und Kolleginnen aus der internationalen Organisation bestand.

Bestimmt hat jeder schon einmal Erfahrungen im Umgang mit anderen Kulturstandards gemacht. Sei es zum Beispiel im Urlaub in Südeuropa, wo vielleicht das Verständnis von Zuverlässigkeit, Ordnung und Pünktlichkeit nicht unbedingt den eigenen Vorstellungen und Erwartungen entspricht. Trotz entspannter Urlaubsstimmung reagieren wir doch mit Unverständnis, wenn gewisse Dinge nicht sofort oder nicht korrekt oder nicht pünktlich passieren. Erinnern Sie sich an solche oder ähnliche Situationen?

Sehr viel komplexer wird es, wenn im beruflichen Kontext unterschiedliche Kulturstandards aufeinandertreffen. Ob in Verhandlungen oder in Besprechungen mit internationalen Teilnehmern oder auch in Führungsfragen mit Mitarbeiterinnen und Mitarbeitern aus anderen Kulturen erleben wir bei der Konfrontation mit anderen Kulturstandards unsere Überraschungen. In einigen Kulturen weicht beispielsweise der Umgang mit der Zeit (und somit unserem Verständnis von Pünktlichkeit) besonders stark ab.

In manchen Regionen Afrikas ist die für die zur Bearbeitung eines Geschäftsvorgangs benötigte Zeit direkt proportional zu seiner Wichtigkeit. Das geht teilweise so weit, dass Beamte das Prestige ihrer Arbeit dadurch zu steigern versuchen, indem sie sich für die Bearbeitung besonders viel Zeit lassen.

In Indonesien wird häufig der Begriff »*rubber time*« (»Gummizeit«) benutzt, wenn es um den Zeitpunkt einer Verabredung geht. Das Zeitverständnis ist also dehnbar wie Gummi.

Während es in Deutschland möglich ist, Konflikte offen anzusprechen, ist das in manchen asiatischen Ländern nicht akzeptabel, weil es zu einem Gesichtsverlust bei einem der Gesprächspartner führen könnte.

Diese kleinen Beispiele zeigen, dass die Unterschiede in den Kulturstandards zum Teil sehr groß sein können. Dass es hierbei zu erheblichen Missverständnissen und daraus abgeleitet zu Konflikten kommen kann, erklärt sich von selbst.

Wie aber kann ich mich in solchen Situationen verhalten? Denn alle Kulturstandards dieser Welt zu kennen, in den jeweiligen Situationen zu erkennen und dann entsprechend zu reagieren, ist unmöglich.

Führungskräfte, Mitarbeiterinnen und Mitarbeiter müssen daher ein Maximum an Sensibilität und Aufmerksamkeit entwickeln, um zu erkennen, dass es sich bei der unerwarteten und ungewohnten Reaktion innerhalb eines interkulturellen Kommunikationsprozesses um eine kulturspezifische Reaktion handelt. Dabei hilft es, eine große Portion konstruktive Neugier, Toleranz und Offenheit gegenüber anderen Kulturstandards aufzubringen.

Eigene Standards dürfen dabei nicht als Basis herangezogen werden, um sie anderen aufs Auge zu drücken.

> **»Handfest zusammengefasst«**
> Es ist unmöglich, alle interkulturellen Besonderheiten, die es auf der Welt gibt, zu kennen und entsprechend zu reagieren bzw. zu handeln.
> Wer in einem internationalen Umfeld arbeitet, sollte sich aber für die jeweilige Kultur interessieren und für Unterschiede sensibilisiert sein.
> Informationen über Sitten und Gebräuche gibt es genug. Sie geben erste Orientierung. Ihre ausländischen Gesprächs- oder Geschäftspartner werden es als wertschätzend empfinden, wenn Sie sich im Vorfeld über das Land, die Leute, die Sprache und die Gewohnheiten informiert haben.
> Eigene kulturelle Standards, dazu gehören auch die »typisch deutschen Eigenschaften«, sind oft nicht eins zu eins übertragbar. Eine Selbstreflektion, ob ich meine eigenen kulturellen Standards anderen »überstülpen« möchte oder ob ich offen bin für »andere« Eigenschaften und diese auch toleriere und respektiere, hilft dabei. Zusammenfassend bieten sich die folgenden Schritte zur Sensibilisierung der eigenen interkulturellen Kompetenz an:
> - Werden Sie sich Ihrer eigenen Kulturstandards bewusst.
> - Respektieren Sie die kulturelle Prägung anderer und die Tatsache, dass diese Prägung ihr Verhalten und die Kommunikation beeinflusst.
> - Bedenken Sie, dass es aufgrund kultureller Unterschiede wahrscheinlich zu Kommunikationsproblemen kommt.

- Reagieren Sie bei Unklarheiten eher zurückhaltend, geduldig und verständnisvoll.
- Fragen Sie bei Missverständnissen nach.

Eine einheitliche Formel im Umgang mit anderen Kulturen existiert nicht. Auf nahezu der ganzen Welt gibt es aber eine Geste sich mitzuteilen, die von fast jedem Gesprächsteilnehmer verstanden wird und keine erklärenden Worte benötigt: das Lächeln. Doch auch hier ist in manchmal Vorsicht geboten, denn beispielsweise kann im chinesischen Kulturkreis ein Lächeln dazu dienen, andere Emotionen, wie z. B. Wut, Hass oder Verachtung zu verschleiern. Das erkennt nur ein Spezialist auf dem Gebiet der Mikromimik. In manchen kriegerischen Stammeskulturen wird den Kindern das Lächeln sogar aberzogen, da es als lächerliche Schwäche interpretiert wird.

Doch abgesehen von diesen Ausnahmen hilft ein ehrliches Lächeln in der Regel sowohl im geschäftlichen als auch im privaten Umfeld und ist ein universelles Signal. Es kann helfen, die schwierigsten Situationen zumindest ein wenig zu entspannen, und dazu beitragen, eine positive Atmosphäre herzustellen.

3.4 Andere Länder, andere Sitten

»Sightseeing mit Arabern«

Durch die zunehmende Globalisierung und Internationalisierung ergeben sich ganz besondere Anforderungen an die Zusammenarbeit mit Vertretern verschiedener Länder, Kulturen und Religionen. Die folgende Begebenheit, an der ich vor etlichen Jahren selbst beteiligt war, zeigt, was passieren kann, wenn unterschiedliche Kulturen und Kulturstandards aufeinandertreffen. Die Episode ist auch ein Beleg dafür, wie schnell man aufgrund der Unkenntnis von Gebräuchen und Gepflogenheiten in Fettnäpfchen treten kann. In Kapitel 3.3 ging es darum, was typisch deutsche Erwartungen sind und was passiert, wenn diese Erwartungen nicht erfüllt werden. Diese Geschichte illustriert, welche Folgen es haben kann, wenn ich, der ich aus Deutschland komme, Erwartungen, die Menschen aus anderen Kulturkreisen haben, enttäusche.

Die Situation war die Folgende: Das Unternehmen, für das ich seinerzeit arbeitete, hatte sehr gute Verbindungen und auch bereits etablierte Geschäftsbeziehungen mit Saudi-Arabien. Ich war damals ein sehr junger Angestellter, der sich noch seine Sporen verdienen musste. Im Rahmen eines anstehenden Großprojekts kündigte sich eine hochrangige saudische Delegation an, die Deutschland besuchen wollte. Die Delegation bestand primär aus Vertretern der Politik. Daher ging es bei dem Besuch nicht um die Klärung von technischen Aspekten und Fachfragen des Projekts, sondern in erster Linie um die Pflege von Beziehungen auf politischer Ebene. Dementsprechend war der Besuch geprägt von gegenseitigen Honneurs, wie es in hochrangigen Kreisen aus Politik, Wirtschaft und Gesellschaft gang und gäbe ist.

Als junger Angestellter war ich angesichts dieser Situation zugegebenermaßen etwas verunsichert. Ich war vorher noch nie in Saudi-Arabien und hatte bis zu diesem Tag auch noch nie Kontakt mit Saudis. Einerseits war ich natürlich sehr stolz, dass ich am Empfang und den Aktivitäten, die das Unternehmen für die Gäste arrangiert hatte, teilnehmen durfte. Andererseits war ich – wie gesagt – auch etwas verunsichert und hoffte, dass ich die für mich ungewohnte Situation zur vollsten Zufriedenheit meines Arbeitgebers meistern würde.

Die saudische Delegation kam am Flughafen an und wurde dort mit großen Limousinen abgeholt. Anschließend gab es das erste Aufeinandertreffen von Vertretern der obersten Führungsebene meines Unternehmens mit den saudischen Gästen. Die erste Unterredung – das war für mich etwas überraschend – dauerte nicht lange. Nach einem kurzen Austausch gegenseitiger Höflichkeiten bat die saudische Delegation darum, ins Hotel gebracht zu werden. Im Anschluss wollten die Saudis gerne die Stadt kennenlernen und fragten, ob jemand von uns sie dabei begleiten und als Fremdenführer dienen könnte. Sofort fiel die Wahl meines Chefs auf mich. Natürlich war ich riesig stolz. Mein Puls quittierte die Wahl meines Vorgesetzten mit einem schlagartigen Anstieg der Frequenz. Ich wurde auserwählt, die hochrangigen Saudis zu begleiten, und durfte, sollte, musste sie herumführen und ihnen die Stadt zeigen. »Yes!«

Zum verabredeten Termin fand ich mich in dem Hotel ein, in dem die saudische Delegation für die Dauer ihres Aufenthalts wohnte. Selbstverständlich hatte das Unternehmen für die Saudis das erste Haus am Platz gewählt. Ich trug meinen besten dunkelblauen Anzug, hatte dazu eine schicke pas-

Andere Länder, andere Sitten

sende Krawatte gewählt, die Schuhe waren frisch geputzt. Kleider machen ja bekanntlich Leute.

Der Wunsch der Gäste war es, die Shoppingmeile der Stadt zu besuchen. Der Weg vom Hotel zur Einkaufsstraße war für meine Begriffe überhaupt nicht weit. Hinzu kam, dass an jenem Tag herrlichstes Frühlingswetter war. Die Bäume blühten, die Sonne schien, kein Wölkchen trübte den Himmel. Die Temperatur war ideal für einen kleinen Spaziergang. Ich freute mich darauf, ein paar Schritte an der frischen Luft zu gehen und der Delegation ein wenig von der Stadt zeigen zu können. Als die Saudis aus dem Hotelfahrstuhl traten, war ich etwas überrascht – alle trugen die klassische saudische Landestracht, also das bis zu den Knöcheln reichende Gewand inklusive der für arabische Männer typischen Kopfbedeckung, der sogenannten Ghutra. Die Ghutra ist das lange Tuch, das meist bis zur Taille reicht und durch zwei schwarze Ringe bzw. Kordeln, dem Agaal, auf dem Kopf gehalten wird. Selbstverständlich trugen alle passend dazu die landestypischen offenen Sandalen. Das weckte bei mir, der ich noch nie einen leibhaftigen Araber in seiner Landestracht erlebt hatte, sofort Assoziationen mit dem Klassiker der Weltliteratur »Tausendundeine Nacht«.

Wie von den Gästen gewünscht, setzten wir uns – die Araber in ihrer Landestracht, ich im dunkelblauen Anzug – in Richtung Einkaufsstraße in Bewegung. Während wir so dahinschritten, konnte ich mich des Eindrucks nicht erwehren, dass der Spaziergang in der Frühlingssonne, den ich sehr genoss, für die Saudis doch eher ungewohnt war. Schon nach circa 300 Metern fragten sie mich, wie weit es denn noch sei. Ich versuchte, den Spaziergang zur City interessanter zu gestalten, indem ich ein wenig von der Stadt und der gerade erblühenden Natur erzählte. Das schien die Saudis allerdings herzlich wenig zu interessieren. Während uns auf dem Weg in die Innenstadt nur relativ wenige Passanten begegneten, die uns verstohlen musterten, änderte sich das, als wir die Einkaufsstraße erreichten. Angesichts des traumhaften Wetters war die Shoppingmeile voller Menschen, die uns teils interessiert, teils amüsiert anschauten, wenn nicht sogar ungläubig anstarrten. Verständlich, denn wann sieht man in Deutschland schon eine ganze Gruppe landestypisch gekleideter Araber, die, angeführt von einem Anzugträger, durch die Fußgängerzone flaniert? Die Saudis zeigten sich von den unzähligen Augenpaaren, die auf sie gerichtet waren, völlig unbeeindruckt. Selbstsicher bewegten sie sich auf der breiten Einkaufsmeile und schienen die Aufmerksamkeit eher als Selbstverständlichkeit zu empfinden, als dass sie ihnen unangenehm gewesen wäre. Ganz im Gegenteil: Ich hatte den Eindruck, dass sie ihren Auftritt und die Blicke der Passanten sogar genossen und es als etwas völlig Normales empfanden, sich von anderen so deutlich abzuheben.

Die Saudis fragten mich nach dem besten Juwelier der Stadt. Nachdem ich ihnen erklärt hatte, dass der nicht weit entfernt war und eine kurze Beschreibung des Wegs gegeben hatte, steuerte die gesamte Delegation zielstrebig dem Juweliergeschäft entgegen. Dort angekommen hielten sie sich nicht lange mit dem Betrachten der Auslage auf, sondern baten den Verkäufer, ihnen die besten und exquisitesten Schmuckstücke zu zeigen. Dienstbeflissen und ein gutes Geschäft witternd präsentierte der Juwelier seinen besten und teuersten Schmuck. Sehr schnell zeigte sich jedoch, dass die Saudis offensichtlich anderes gewohnt waren. Für die gezeigten Preziosen hatten sie gerade mal ein müdes, wenn nicht gar mitleidiges Lächeln übrig und verließen das Geschäft relativ schnell wieder – sehr zum Bedauern des Juweliers.

Wir flanierten weiter über die Einkaufsstraße und ich machte die saudischen Gäste in bester Fremdenführermanier auf alles aufmerksam, was mir interessant oder wissenswert erschien.

Und dann passierte es. Etwas, worauf ich nicht vorbereitet war. Etwas, womit ich absolut nicht gerechnet hatte: Der Saudi, der die ganze Zeit neben mir hergegangen war, nahm wie selbstverständlich meine Hand in die seine und schickte sich an, Hand in Hand mit mir durch die Fußgängerzone zu spazieren.

Oh mein Gott! Was passiert hier gerade? Was macht der Mann?, schoss es mir durch den Kopf. *Wenn mich jetzt hier jemand so sieht. Hier kennen mich doch so viele Leute!* Ich kann mich nicht daran erinnern, wann mir das letzte Mal etwas so peinlich war. Hand in Hand mit einem Mann, der zudem in arabischer Landestracht so auffällig gekleidet war, dass er alleine dadurch schon alle Blicke auf uns zog. *Was mache ich nun? Was mache ich nun? Wie komme ich aus dieser Situation wieder heraus?*, dachte ich mit einem kleinen Anflug

Andere Länder, andere Sitten

von Panik. Mein erster Impuls war, die Flucht zu ergreifen. Aber das konnte ich natürlich nicht tun. Immerhin war mir von meinem Chef die Aufgabe aufgetragen worden, den hochrangigen Gästen die Stadt zu zeigen und ihren Wünschen zu entsprechen.

Kennen Sie das Phänomen der sogenannten »Übersprungshandlung« bei Tieren? Falls nicht, hier eine kurze Erklärung: Wenn beispielsweise ein Huhn von einem Fuchs angegriffen und in eine Ecke gedrängt wird, kann es passieren, dass zwei widerstreitende Triebe, nämlich der Fluchttrieb und der Angriffstrieb, absolut gleich stark ausgeprägt sind. Das Huhn ist also hin und hergerissen zwischen Flucht und Attacke. Da die Triebe gleich stark sind und sich daher keine der beiden Aktionen durchsetzen kann, kommt es zu der besagten Übersprungshandlung – das Huhn beginnt, imaginäre Körner zu picken. Das Dumme daran ist, dass das Huhn auf diese Weise mit an Sicherheit grenzender Wahrscheinlichkeit dem Tode geweiht ist. Würde sich entweder der Flucht- oder der Angriffstrieb durchsetzen, hätte das Huhn zumindest noch eine kleine Chance, mit dem Leben davonzukommen. Aber nein, es pickt nach nicht vorhandenen Körnern und kann nichts dagegen tun. Schließlich ist es ein Huhn und ein Opfer seiner Triebe.

Warum ich das erzähle? Nun, ich will es mal so sagen: Als der Saudi damit begonnen hatte, Händchen haltend mit mir durch die Innenstadt zu spazieren, war ich kurz davor, imaginäre Körner zu picken. Glücklicherweise bin ich kein Huhn. Ich ergriff weder die Flucht noch griff ich den Saudi an. Und ich pickte auch keine Körner. Stattdessen versuchte ich, meine Hand vorsichtig aus der Seinen zu lösen. Natürlich merkte er das und schaute mich etwas erstaunt und irritiert an, aber er ließ meine Hand los. An seinem Gesichtsausdruck konnte ich allerdings erkennen, dass er offensichtlich beleidigt war. Von diesem Moment an sprach er kein Wort mehr mit mir und würdigte mich auch keines weiteren Blickes. Das wiederum konnte ich überhaupt nicht verstehen. Ich war mir keiner Verfehlung bewusst.

Während unserer weiteren Stadtexkursion gab es nichts, was die saudische Delegation wirklich interessiert hätte. Nachdem ich sie wieder zurück zu ihrem Hotel gebracht hatte, erzählte ich einem erfahrenen Kollegen, was mir widerfahren ist und wie verstört ich durch das Händchenhalten des Saudis war. Mein Kollege erklärte mir, dass es im arabischen Raum durchaus üblich ist, dass Männer Hand in Hand durch die Straßen spazieren. Er führte weiter aus, dass es ein großer Vertrauensbeweis sei, wenn ein Araber einen anderen Mann an die Hand nimmt. Schlagartig wurde mir klar, warum der Saudi nicht nur verwundert darüber war, dass ich ihm meine Hand entzogen hatte, sondern warum er sogar beleidigt reagierte. Ich hatte in Unkenntnis das mir entgegengebrachte Vertrauen abgewiesen. Diese Tatsache war mir ausgesprochen unangenehm und ich überlegte, wie ich die Situation wieder bereinigen konnte.

Am Abend war ein großes festliches Dinner zu Ehren unserer arabischen Gäste angesetzt, an dem auch ich teilnehmen durfte. Ich nutzte die Gelegenheit, um mich bei dem Saudi, dessen Hand ich abgewiesen hatte, in aller Form zu entschuldigen. Ich erklärte ihm, dass mir mittlerweile klar war, dass ich in Unkenntnis der arabischen Gebräuche seine Geste nicht wertgeschätzt und ihn dadurch beleidigt hatte, was aber nie meine Absicht gewesen war. Zu meiner großen Erleichterung nahm er meine Entschuldigung an.

Bei späteren Reisen, die mich nach Saudi-Arabien führten, konnte ich mich davon überzeugen, dass es in der Tat unter arabischen Männern üblich ist, Hand in Hand spazieren zu gehen. Als es mir dann dort einmal zu einer anderen Gelegenheit angeboten wurde, habe ich die Hand selbstverständlich nicht mehr ausgeschlagen – auch wenn es für mich immer noch ziemlich gewöhnungsbedürftig war.

Was bedeutet das nun im Zusammenhang mit interkultureller Kommunikation, die im unternehmerischen Umfeld zum Tragen kommt?

Wie die Geschichte gezeigt hat, ist es sinnvoll, sich mit den kulturellen Gebräuchen und Gepflogenheiten der Länder vertraut zu machen, mit denen man in Geschäftskontakt tritt. Doch das Wissen ist das eine, das Umsetzen das andere. Im Rahmen unserer Sozialisation und Erziehung lernen wir bestimmte Umgangsformen und Sitten, die in Deutschland oder in dem Land, in dem wir aufgewachsen sind, gebräuchlich sind. Dementsprechend handeln und reagieren wir auf die uns gewohnte Art und Weise. Davon abweichende Gebräuche und Verhaltensweisen können uns daher seltsam oder ungewöhnlich erscheinen. Vielleicht sind wir in einer Situation wie der geschilderten durch unsere Fehlinterpretation sogar dazu geneigt, in einer

Art und Weise zu reagieren, die nicht angemessen ist, bei unserem Gegenüber Befremdung hervorruft oder ihn vielleicht sogar beleidigt. Umso wichtiger ist es, offen und tolerant zu sein und sich bereits im Vorfeld mit den jeweiligen landes- oder kulturkreistypischen Gepflogenheiten, Sitten und Verhaltensweisen vertraut zu machen. Der größte Fehler, den man machen kann, ist, mit dem gelernten deutschen Sitten- und Verhaltenskodex an die Gebräuche anderer Länder und Kulturkreise heranzutreten, sie miteinander zu vergleichen und für uns ungewöhnliche Verhaltensweisen als geringwertig abzuqualifizieren oder gar zu verachten.

Nun mag man mir entgegenhalten, dass das, was für uns gilt, auch für andere gelten sollte. Oder anders gesagt: Hätte der Saudi sich nicht genauso gut im Vorfeld ein wenig mit den westeuropäischen Sitten und Gebräuchen vertraut machen und sein Verhalten darauf abstimmen müssen? Ja, hätte er. Hat er aber nicht. Vermutlich einfach aus dem Grund, weil er es aufgrund seines gesellschaftlichen, beruflichen, politischen und damit einhergehend finanziellen Status einfach nicht gewohnt war. Wo auch immer die Vertreter der saudischen Delegation auftauchten, wurden sie regelrecht hofiert und bevorzugt behandelt, sowohl in ihrem Heimatland als auch in allen anderen Ländern, die sie besuchten. Das kann als Erklärung herhalten, eine Entschuldigung ist es letztendlich aber nicht. Ich will dem Saudi auch im Nachhinein keinerlei Böswilligkeit bei seinem Handeln unterstellen. Er hat sich einfach, ohne weiter darüber nachzudenken, so verhalten, wie er es in seinem Land und Kulturkreis gewohnt war. Ich gehe davon aus, dass ihm überhaupt nicht bewusst war, dass beim Hand-in-Hand-Gehen erwachsener Männer in vielen Ländern in der Regel eine sexuelle Komponente mitschwingt. Wie gesagt: in der Regel! Auch hier mag es Ausnahmen geben.

Die Voraussetzung für funktionierende interkulturelle Kommunikation ist im Idealfall geprägt durch ein gegenseitiges Aufeinanderzugehen. Wenn beide Seiten sich im Vorfeld ein wenig mit den Gepflogenheiten und Besonderheiten der Kultur des anderen beschäftigen und bereit sind, sich darauf einzustellen und sich entsprechend zu verhalten, ist das ein Zeichen von Respekt und Wertschätzung. Dabei ist es gar nicht nötig, die Sprache des anderen fließend zu sprechen oder die Sitten und Gebräuche bis ins kleinste Detail studiert zu haben. Ein paar Worte oder Sätze in der jeweiligen Landessprache, wie zum Beispiel Begrüßungs- oder Verabschiedungsformeln oder Höflichkeitsfloskeln wie »Bitte«, »Danke«, »Guten Appetit«, »Bitte, nehmen Sie Platz« oder »Was kann ich für Sie tun?« reichen oftmals schon aus, um zu zeigen, dass man sich kundig gemacht und Interesse an der Kultur und Sprache seines Gegenübers hat. Eine Respektbezeugung und Höflichkeit, die übrigens Touristen bedauernswerterweise in fremden Ländern häufig vermissen lassen.

Ebenso wichtig ist es, sich bei der vorbereitenden Einstellung auf Vertreter anderer Kulturen oder Religionen mit den absoluten No-Gos vertraut zu machen. Auch wenn es durchaus üblich ist, Gäste im eigenen Land mit landestypischen Spezialitäten zu verwöhnen, wären Schweinshaxen mit Sauerkraut und Knödeln sicherlich die falsche Wahl, wenn man Personen muslimischen Glaubens verköstigt. Das klingt banal, ist es oftmals auch und zeigt, dass es häufig gar nicht so schwer ist, sich im Interesse einer funktionierenden interkulturellen Kommunikation ein wenig an sein Gegenüber anzupassen.

Auf der anderen Seite wäre es falsch, interkulturelle Kommunikation per se als einfach und banal abzustempeln. Denn das ist sie definitiv nicht. Gerade im Bereich der nonverbalen Kommunikation lauern zahlreiche Fallstricke und Fettnäpfchen, in die man durch Unkenntnis schnell hineinstolpern kann. So können Gestik und Mimik in einzelnen Ländern durchaus unterschiedliche Bedeutungen haben. Der gehobene Daumen wird in großen Teilen Westeuropas und auch in Brasilien als Zeichen für »Alles in Ordnung« gewählt. In anderen Regionen dient diese Geste lediglich als Darstellung der Zahl Eins. Bei manchen Muslimen gilt sie sogar als ein grobes sexuelles Zeichen. Mit großer Vorsicht ist auch die Geste für »alles okay«, die dadurch entsteht, dass man mit Daumen und Zeigefinger einen Kreis bildet, zu gebrauchen. Während diese Geste bei Piloten und Tauchern eindeutig eine problemlose Situation symbolisiert, bedeutet sie beispielsweise in Japan, dass über Geld geredet werden kann. In Südfrankreich wiederum bedeutet sie genau das Gegenteil, nämlich »nichts« oder »wertlos«. In Teilen Spaniens und Lateinamerikas sowie in manchen Regionen Osteuropas und in

Russland wird diese Geste teilweise sogar als sehr vulgäre sexuelle Andeutung verstanden[13].

Bei der Mimik spielt die Bewegung der Gesichtspartien eine Rolle und wird als Anzeichen der Stimmung und Einstellung gewertet. Durch das Hochziehen der Augenbrauen wird von Engländern Skepsis, von Nordamerikanern Interesse, von Deutschen Anerkennung oder auch Skepsis, von Filipinos eine Begrüßung und von Arabern und Chinesen Ablehnung ausgedrückt[14]. Und noch ein weiteres Beispiel: Lächeln wird in den meisten westeuropäischen Ländern mit Fröhlichkeit, Herzlichkeit, Witz und guter Laune verbunden. In Japan hingegen ist es oft Ausdruck von Verlegenheit, Unsicherheit oder Verwirrung[15]. Wenn also ein Japaner auf eine kritische und ernste Äußerung eines Europäers mit einem Lächeln reagiert, entstehen sehr schnell Missverständnisse und Fehldeutungen und somit Störungen in der Kommunikation.

Sie sehen also: Interkulturelle Kommunikation ist ein schwieriges Feld und stellt die Kommunikationspartner oftmals vor anspruchsvolle Herausforderungen, wenn nicht sogar vor gravierende Probleme. Andererseits bietet interkulturelle Kommunikation eine faszinierende Bandbreite an neuen Erkenntnissen und führt möglicherweise dazu, dass wir fremde Länder und Kulturen mit anderen Augen sehen und mehr Verständnis für spezifische Verhaltensweisen und Gebräuche entwickeln.

»Handfest zusammengefasst«

Tipps für eine gelungene interkulturelle Kommunikation:
1. Seien Sie offen, tolerant, sensibel und aufmerksam.
2. Beschäftigen Sie sich im Vorfeld eines Treffens mit den kulturellen, sozialen und religiösen Besonderheiten des Lands oder der Region, aus der Ihr Kommunikationspartner stammt.
3. Machen Sie sich mit den absoluten No-Gos im Umgang mit den Vertretern anderer Kulturen und Religionen vertraut.

---

13 Vgl. Baumer in Handbuch Interkulturelle Kompetenz, 2002, S. 34.
14 Vgl. Baumer in Handbuch Interkulturelle Kompetenz, 2002, S. 34.
15 Vgl. Baumer in Handbuch Interkulturelle Kompetenz, 2002, S. 34.

4. Ziehen Sie nicht eigene Werte und Gewohnheiten als Basis zur Beurteilung unerwarteter und ungewohnter Verhaltensweisen Ihres Gegenübers heran.
5. Lernen Sie ein paar Begrüßungs- und Verabschiedungsformeln sowie Höflichkeitsformulierungen in der jeweiligen Landessprache.
6. Verhalten Sie sich stets respektvoll und geben Sie Ihrem Gesprächspartner das Gefühl, dass Sie seine Person, seine Kultur und Religion, seine Sitten und Gebräuche wertschätzen.

Der Autor

Georg Schwinning, 20 Jahre Führungserfahrung in einem internationalen Konzernunternehmen und langjähriger Coach, Trainer und Moderator. Er begleitet Führungskräfte in ihrer beruflichen und persönlichen Entwicklung und unterstützt Menschen und Unternehmen bei Veränderungsprozessen.

In seiner Arbeit ist es ihm wichtig, herauszustellen, welche Inhalte der Kommunikations- und Führungstheorien auch tatsächlich in der Praxis anwendbar sind und helfen.

Die Basis der Leistung von Georg Schwinning ist die wertvolle Kombination aus qualifizierter, umfangreicher Ausbildung zum Coach, Trainer und Moderator, langjähriger internationaler Managementerfahrung und der Konzentration auf die individuellen Bedürfnisse seiner Klienten.

Stichwortverzeichnis

Symbole
4-M-Formel 157
7-38-55-Kommunikationsregel 24

A
AAA-Struktur 98, 99, 100
Anerkennung 92

B
Beförderung 7
— Antrittsrede 49, 50, 51
— Bekanntmachung einer Beförderung 50
— Klärung des Aufgabenbereichs 51
— Klärung des Verantwortungsbereichs 51
— Mitarbeitergespräch 52
— Mitarbeiterreaktion 50
— Stakeholder 52
— unerwartete Beförderung 7, 47
Blümchenstrategie 102

C
Coaching 16

D
Delegieren von Aufgaben 71, 76
— Delegationsinstument 6 Fragen 78
— Entlastung für Führungskräfte 76
— Erklärungsauswand 77
— Herausforderung beim Delegieren von Aufgaben 72
— Mitarbeiterförderung 77

— Motivation 77
— Nachteile des Delegierens 76
— richtiges Delegieren 76
— Rückdelegation 78
— Vorteile des Delegierens 76
demografischer Wandel 54

E
Eigenlob 93
eindeutige Zielvereinbarung 92
E-Mail
— Ariel-Schein 40
— E-Mail-Anhang 40
— E-Mail-Flut 36, 39, 42
— E-Mail-Knigge 43
— E-Mail-Sendeverhalten 43
— Empfängerliste 40
— Kategorisieren von E-Mails 44
— Kommunikation via E-Mail 40, 41, 42
— Konfliktbewältigung per E-Mail 42
Entscheidungskompetenz 92

F
Feedback 94, 96
— Feedbackgespräch 100
— heikles Feedback 105
— konstruktives Feedback 95, 98, 103
— situatives Feedback 97
— standardisierter Feedbackprozess 95
Fehlinterpretation kultureller Gebräuche und Gepflogenheiten 176

Stichwortverzeichnis

Führung 7, 12, 13, 125, 126
— Kernaufgaben der Führung 124
Führungskraft
— erster Personalentwickler vor Ort 84, 94
— Vorbildfunktion von Führungskräften 83, 125
Führungsstil 54, 58
— anleitender Führungsstil 62
— Coaching-Führungsstil 63
— delegierender Führungsstil 63
— dirigierender Führungsstil 62

G
Generation Y 54
Gestik 20, 33
Globalisierung 171

H
Halo-Effekt 34
Handlungsoption 13

I
internationale Zusammenarbeit 167
Internationalisierung 171

K
KFZ 7
Klang der Stimme 24
Kommunikation 7, 12, 13, 20, 107, 126
— Bedeutung der ersten Gesprächsminuten 21, 23
— bewusste Kommunikation 20
— gestörte Kommunikation 33
— interkulturelle Kommunikation 161, 176, 177
— Kommunikation auf der persönlichen Ebene 110, 111

— Kommunikation auf der Sachebene 110, 111
— Kommunikationsbereitschaft 16
— Kommunikationsstil 25
— Kommunikationsverhalten 21, 33
— Kommunikation via E-Mail 40, 41, 42
— konstruktive Kommunikation 15, 19, 34
— kulturell bedingte Missverständnisse 161
— nonverbale Kommunikation 17, 19, 20, 24
— unbewusste Kommunikation 20
— verbale Kommunikation 25
— Wirkfaktoren der Kommunikation 20, 23, 24, 25, 107
Kompromissbereitschaft 16
Konflikt 107
Konfliktbewältigung
— Abschluss eines konstruktiven Konfliktgesprächs 120
— Einstieg in ein konstruktives Konfliktgespräch 118
— Klärungsphase 119
— Konfliktbewältigung per E-Mail 42
— konstruktives Konfliktgespräch 116
— Lösungsphase eines konstruktiven Konfliktgesprächs 120
— Vorbereitung eines konstruktiven Konfliktgesprächs 117
konstruktive Gesprächsatmosphäre 16, 23, 24, 25
konstruktive Kritik 92
konstruktives Gesprächsklima 15
Körperhaltung 20
Körpersprache 20, 33

Kultur 167
kulturelle Besonderheiten 161
kulturelle Unterschiede 167
kulturspezifisches Orientierungssystem 167
Kulturstandards 168, 171
— andere Kulturstandards 169

L
Lob
— konstruktives Lob 91, 92
— öffentliches Lob 88, 91

M
Meeting 153
— Agenda 159
— geeigneter Besprechungsort 159
— Unpünktlichkeit bei Meetings 154, 158
— Zusammensetzung von Meetings 159
Mikromanagement 64
Mimik 20, 24, 33
Mitarbeitergespräch 52, 96
— Durchführung eines Mitarbeitergesprächs 96
— Mitarbeiterjahresgespräch 95
— Vorbereitung eines Mitarbeitergesprächs 96
Motivation 81
— Anerkennung 87
— angemessenes Gehalt 83
— Arbeitsumfeld 83
— Dienst nach Vorschrift 83
— Entscheidungsfreiraum 83
— erfüllender Job 83, 84
— falsche Versprechungen 82
— gute Führung 83

— Karottenprinzip 82
— klare Kommunikation der Erwartungen 83, 84
— klare Kommunikation der Spielregeln 83
— konstruktives Feedback 87
— konstruktives Lob 85, 87
— Weiterbildung 84, 85
— Wertschätzung 87

N
Nachäffen 18
Neutralität 34

P
Projektion 28

R
Rapport 15, 16, 18, 19
Reifegradmodell 58, 60
— Führungsstil Reifegrad 1 62
— Führungsstil Reifegrad 2 62
— Führungsstil Reifegrad 3 63
— Führungsstil Reifegrad 4 63
— Reifegrad 1 58
— Reifegrad 2 59
— Reifegrad 3 59
— Reifegrad 4 60

S
Schubladendenken 27, 33, 34
Selbstmotivation 93
small Talk 23
Stakeholder 52
Storytelling 12
Sympathie 28

T
Team 143
— Forming-Phase 148
— Norming-Phase 150
— Performing-Phase 150
— Storming-Phase 149

U
Übersprungshandlung 175
Unternehmenskultur 133

V
Veränderungsprozess 125, 126
— Auslöser eines Veränderungsprozesses 132
— emotionale Phasen des Veränderungsprozesses 137
— vier Zimmer der Veränderung 134
Verhaltensspiegelung 18
Vorurteil 29, 34

W
Wut- und Ärgermarken 112, 113, 114, 116

Z
Z.D.F. 99
Zeitmanagement 153
Zusammenarbeit 7, 12, 13